司千字 / 著

矿井安全绩效评价与控制

Evaluation and Control of Mine Safety Performance

社会科学文献出版社
SOCIAL SCIENCES ACADEMIC PRESS (CHINA)

前言

改革开放以来，中国的经济在保持高速增长态势的同时，其能源消费总量也有了较大幅度的提高。2010年，中国能源消费增幅11.9%，中国已成为世界上最大的能源消费国[①]。我国的能源结构是富煤、缺油、少气，煤炭一直是我国最重要的基础能源和原料，在未来相当一段时间内，煤炭在一次能源生产和消费结构中仍将居主导地位。但中国煤矿安全绩效现状令人担忧：安全生产状况虽有所改善，但煤矿事故依然严重，社会影响的负面效应仍然存在，不利于整个经济社会的和谐稳定发展；煤炭工业的发展确实提高了煤矿员工的经济收入水平，也比较好地保障了中国经济的高速发展，但其对周边生态环境的破坏也相当严重，和整个中国的发展水平不相匹配。因此对中国煤矿安全绩效评价与控制研究就显得尤为重要。

一个矿井的安全绝不单单取决于一个矿井的客观条件，诸如人员素质、生产要素、技术与管理要素等，还要受个人行为、企业行为、地方行为、国家行为和市场吸引等多重要素的影响，矿井安全因素的复杂性决定其绩效也是复杂的。目前人们对安全绩效的认识也是多元的、不统一的。概括起来有以下几种观点。一是经济绩效观。这种观点认为，作为企业总是追求最小的投入产生最大的经济效益。为了提高煤矿的经济效益，必须减少事故，

① 英国石油公司：《BP世界能源统计年鉴》，2011。

必须减少因事故造成的停产停工损失，减少因事故而引发的人身伤亡、职业病和财产损失，这是一种绩效本体论，着重考虑了安全绩效的微观方面。二是生态绩效观。这种观点认为，煤炭是一种不可再生资源，煤炭的开采对周边环境影响很大，必须要考虑到代际公平，安全绩效主要是生态绩效或环境绩效，即煤矿的绩效管理活动给其所处的生态环境所带来的改善如减少和避免环境污染、保护节约矿产资源等是要优先考虑的。这是一种生态绩效论，着重考虑了安全绩效的外部性和宏观效益。三是社会绩效观。这种观点认为，安全绩效主要是社会绩效，即企业的安全绩效管理活动给其所处的社会环境和社会福利所带来的改善以及对社会风气等方面的积极影响。这实质是一种社会绩效论，着重考虑了矿井安全绩效的社会外部性。综上所述，矿井安全绩效是一个由众多因素集成、众多状态整合的多维度概念，应该是矿井在某个时间范围以某种行为在企业发展、生态环境和社会环境影响等方面所达到的现实状态，即所谓的大安全绩效观。矿井安全绩效不可能在短期内形成，也不可能是一家所为，应该是多部门的系统集合，既取决于煤矿长期安全绩效管理活动的强度和广泛性，也取决于煤矿所处的社会环境，目前，煤矿安全生产许多深层次问题还需有待于急需解决，安全信息不对称、制度规则模糊、所有权和使用权保障缺失、安全权不能有效界定，使得煤矿企业短期行为严重①。因此大安全绩效观即经济绩效、生态绩效和社会绩效的协调发展离“真正性落实、根本性好转”的目标仍有一段距离，煤矿安全绩效仍然是煤炭工业目前最突出、最需要解决的现实问题。

实现煤矿企业安全发展、落实大安全绩效观、全面提升矿井安全绩效是实施煤炭工业可持续发展的本质要求，也是贯彻落实煤炭工业科学发展观的必然要求。本书正是基于这样一种思想探

---

① 肖兴志：《中国煤矿安全规制：理论与实证》，科学出版社，2010。

讨中国煤炭企业的安全绩效管理问题的。本书从中国煤炭行业的现状出发，把矿井安全绩效作为研究主题，从企业内部和外部两个角度来审视中国煤矿安全绩效的制度安排和形成机制，既探讨企业外部管制制度的安排对煤矿企业安全绩效管理的影响，又深入煤矿企业内部，观察煤矿企业内部的安全管理机制对煤矿企业安全绩效的影响。以期解决好中国煤炭生产重经济绩效、轻生态绩效和社会绩效等问题，形成符合中国国情的煤炭安全生产管理与安全绩效评价体系，确保矿井经济绩效、生态绩效和社会绩效的协调发展。

本书是教育部人文社科规划基金项目“基于利益相关者理论的矿井安全绩效研究”（批准号：10YJA630130）的研究成果。感谢中国矿业大学侯运炳教授、王炳文博士，合肥工业大学许启发教授、山东科技大学廖先玲教授，山东工商学院张兆响教授、刘传庚教授、毛荐其教授、耿殿明教授、俞国方教授、孙玉峰教授、牛勇平副教授的指导。感谢龙口矿业集团尹雪峰博士在数据收集过程中给予的帮助。在具体研究过程中，本书引用了国内外众多专家学者的研究成果，文中都作了注明，但难免有遗漏，恳请谅解并在此表示深深的感谢。受作者水平所限，书中一定存在不少值得商榷和进一步完善的地方，欢迎大家提出批评建议。

最后，感谢社会科学文献出版社编审人员的大力支持，正是他们严谨、干练、踏实的作风，本书才得以顺利出版。

目　录

Contents

第一章　导论

实现安全发展，落实大安全绩效观，全面提升矿井安全绩效是实施煤炭工业可持续发展的本质要求，也是贯彻落实煤炭工业科学发展观的必然要求。但中国煤矿安全绩效现状令人担忧：安全事故屡有发生，环境生态破坏严重，社会压力不断升温。煤矿安全生产许多深层次问题的解决仍需要相当长时间，大安全绩效观“真正性落实、根本性好转”的目标仍有一段距离，煤矿安全绩效仍然是煤炭工业目前最突出、最需要解决的现实问题，因此对中国煤矿安全绩效的形成机制与控制研究显得尤为重要。本书从中国煤炭行业安全绩效现状出发，把矿井安全绩效作为研究主题，从企业内部和外部两个角度来审视中国煤矿安全绩效的制度安排和形成机制，为解决好中国煤矿经济绩效、生态绩效和社会绩效的协调发展给出一些理性思考。本章首先论述了矿井安全绩效研究的背景和意义，综述国内外对安全绩效管理的研究现状，指出研究中需要解决的问题和不足，提出大安全绩效发展观，给出全书的研究思路与框架内容。

第一节　研究背景

一　中国煤炭资源开发与经济发展关系

能源历来是人类文明的先决条件，人类社会的一切活动都离不开能源。能源促进人类社会发展，首先表现为促进经济发展。

不论什么样的社会制度，或是处于哪一个发展阶段，经济发展都是以经济增长作为首要的物质基础和中心内容。一方面经济发展对能源的需求，可以通过经济增长对能源的需求来表示，能源促进经济发展，最终也是通过促进经济增长来实现的。另一方面能源供给或者说能源自身的发展，通常是以经济增长为前提条件的。能源与经济增长是相互依赖、相互依存的，能源是经济增长的动力源泉，经济增长为能源发展创造条件。

改革开放以来，中国的经济在保持高速增长态势的同时，其能源消费总量也有了较大幅度的提高。根据《BP 世界能源统计年鉴》（2011），2010 年，全球能源消费增长 5.6%，中国能源消费增幅为 11.9%，约占世界能源消费总量的 20% 以上，中国煤炭消费占全球煤炭消费的 48.2%，几乎占全球的 2/3，中国已成为世界上最大的能源消费国和煤炭消费国。[①] 我国的能源结构是富煤、缺油、少气，煤炭一直是我国重要的基础能源和原料，在我国的国民经济中具有重要的战略地位，对国民经济和社会发展发挥了重要的作用。

1. 煤炭在中国能源消费结构中的地位分析

与世界能源消费结构相比较，我国一次能源消费呈现出迥然不同的结构特点：煤炭消费比重基本上与世界上石油、天然气的消费比重相当，占 60% ~70%；而中国石油、天然气的消费比重则与世界煤炭消费比重基本持平，只占 20% ~30%。[②]

从中国一次能源生产、消费结构变化分析，煤炭在能源生产、消费结构中共发生了四次明显的阶段性变化。

第一阶段为 1949 ~1976 年的稳定下降阶段。由于中国石油资源的开发取得了突破性进展，尤其是 20 世纪 60 年代以后，石油生产和消费比例逐年上升，煤炭所占比例一直处于下降时期，煤

① 英国石油公司：《BP 世界能源统计年鉴》，2011。

② 国家统计局：《中国能源统计年鉴》，中国统计出版社，2008。

炭产量比例由1949年的96.29%，下降到1976年的68.5%，达到历史最低点；消费比例由1953年的94.31%下降到69.9%。同期，石油生产比例由0.72%上升到24.7%，达到历史最高点；消费比例由1953年的3.79%上升到23.0%，仅次于石油消费比例的历史最高点23.8%（2000年）。这期间煤炭与石油在能源生产、消费结构中互为消长关系。

第二阶段为1977～1996年的稳定上升阶段。1996年的煤炭产量与消费量所占比例分别达到75.2%和71.5%，比1976年分别上升了6.7和1.6个百分点；同期，石油产量与消费量所占比例分别为17%和18%，比1976年分别下降了7.7和5.0个百分点。

第三阶段为1997～2000年的快速下降阶段。2000年煤炭产量与消费量所占比例分别为72.3%和67.3%，比1996年下降了2.9和4.2个百分点；同期，石油产量与消费量所占比例分别为18.1%和23.8%，上升了1.1和5.8个百分点。

第四阶段为2001～2010年的快速上升阶段。1998年以来煤炭产量与消费量持续增长，尤其是2001年以来，煤炭产量、消费量快速增长，2001年、2002年、2003年、2004年、2005年、2006年、2007年、2008年、2009年、2010年煤炭产量年增量分别为8000万吨、10000万吨、18700万吨、30600万吨、15667万吨、13500万吨、20690万吨、19300万吨、24400万吨、29000万吨。同期，由于石油的消费量增长较快，煤炭消费量在一次能源结构中的比例基本不变。

综上分析，结合我国富煤、贫油、少气的能源资源赋存特点，未来相当时间内，中国煤炭在一次能源生产和消费结构中仍将居主导地位。

2. 中国煤炭资源开发与经济增长的关系

从中国煤炭生产、消费总量分析，国内生产总值（GDP）与煤炭消费表现出较强的线性相关关系（李克荣、张宏，2005）。

由于我国的社会经济是在极其复杂的社会环境中起步的，国内生产总值初值很低，1953 年为 824 亿元。煤炭生产和消费水平也很低，1953 年煤炭生产和消费总量分别为 5000 万吨标准煤和 5103 万吨标准煤。在以后的近十年中，GDP 与煤炭生产、消费总量都实现了持续、稳定增长，1960 年 GDP 为 1457 亿元，煤炭生产量为 28333 万吨标准煤，煤炭消费量 28346 万吨标准煤。此后的 20 多年，由于人为因素影响，我国经济发展和煤炭生产消费出现了起伏、下降现象，直到 1996 年，GDP 与煤炭生产、消费总量达到了新的阶段，GDP 为 67884.6 亿元，煤炭生产量 99727 万吨标准煤，消费量 103793 万吨标准煤；至 2001 年，煤炭生产和消费走过了一段先下降后恢复过程，1998 年煤炭产量下降为 89336 万吨标准煤，2001 年恢复到 98625 万吨标准煤；同时期 GDP 也出现了相应的增长变化。2001 年以后煤炭产量、煤炭消费量快速增长，与此同时，2002 年、2003 年、2004 年、2005 年、2006 年、2007 年、2008 年、2009 年、2010 年 GDP 增长率分别达到了 9.1%、10.0%、10.1%、10.4%、10.7%、11.4%、9%、8.7%、10.3%。[①]

可以发现，目前我国社会经济的发展与煤炭生产消费关系密切，呈正相关关系。但现实的中国煤炭工业是：发展很快但综合回收率低、利用效率低，发展质量有待于强化提高；安全生产状况虽然有所改善，但煤矿事故依然严重，社会影响的负面效应仍然存在，不利于整个经济社会的和谐稳定发展；煤炭工业的发展确实提高了煤矿员工的经济收入水平，但其对周边生态环境的破坏也相当严重，和整个中国的发展水平不相匹配。因此，加强煤矿生产的安全管理，不断提高矿井生产的安全绩效，保证煤矿发展的经济绩效、社会绩效、生态绩效同步发展仍是“十一五”煤炭工业发展规划中的管理主题曲。

---

① 中华人民共和国国家统计局网站，http://www.stats.gov.cn。

二　矿井安全绩效管理的现状

分析矿井安全绩效管理的现状，应该以安全、绩效、安全绩效概念含义的演变为理论基础，以煤矿发展的现实和环境为实践背景，将二者有机结合起来，通过分析比较从而得出具有一定指导性的结论。

（一）安全、绩效与安全绩效概念含义的演变

人类对安全与绩效及其相关范畴内的基本概念和基本内容、规律的认识和确认是随着社会发展和生产规模的日益扩大以及人类认识自然、社会的水平的提高而逐步深入的。随着煤矿系统的大型化和复杂化程度的提高，各类重大的灾难性事故不断发生，给经济与社会的发展带来一定的负面影响。安全绩效已是当今安全管理科学领域的新点、热点之一。在进行矿井安全绩效管理与绩效形成机制研究之前，有必要首先对安全与绩效及其相关概念和关系进行较深入的探讨。

1. 安全的概念

自人类诞生以及人类社会形成开始，就伴随着安全问题。随着现代科学技术的发展，人类的生存、生活、生产环境又给人类呈现许多全新的认识领域，给人类对安全的认识提供了一个全新的实践和研究舞台。但是，在当前的条件下，关于安全这一概念的认识仍然比较混乱，总结起来可归纳为两大类，即绝对安全观和相对安全观。

绝对安全观认为：安全就是无事故，无危险。指客观存在的系统无导致人员伤亡、疾病，造成人类财产、生命、环境损失的条件。在许多文献中都表达了类似的观点，A. Brandowski 等（1989）认为“安全意味着系统不会引起事故的能力”。陆庆武等（1990）认为“安全一般是指无风险”。肖爱民（1987）等认为“安全指不发生导致伤亡、工伤、职业病、设备损失或财产损失的状态”。

在早期出版的一些典籍或教科书中，也同样表明安全就是“无危险、无风险”等观点。

相对安全观认为：安全是指客体或系统对人类造成的可能的危害低于人类所能允许的承受限度的存在状态。美国哈佛大学劳伦斯（2000）教授认为“安全就是被判断为不超过允许限度的危险性，也就是指没有受到伤害或危险，或损坏概率低的通常术语”。王金波等（1992）认为“安全是相对危险而言，世界上没有绝对的安全”。肖贵平等（1994）认为“安全是指在生产活动中，能将人员或财产损失控制在可接受水平的状态，换句话说，安全即意味着人员或财产遭受的可能性是可以接受的，若这种可能性超过了可接受的水平即为不安全”。

现代安全科学理论的研究认为：人类所处的任何生产、生活系统，都是一个既可实现人类设计功能，为人类提供产品的生产系统，同时也是一个可能给人类的生命、财产、环境带来灾难的灾害系统。两类系统同时依附于同一客观系统的基础上（Shishi liang，1998）。

综上所述，安全是系统运行过程的状态描述量。安全是相对的，由于安全含有人类的认识能力与接受过程，随着社会的进步，人类整体综合素质的提高，人类认识、理解以及对各类奉献的承受能力也随之提高，在不同的社会发展时期，人类对同一系统的安全和危险程度认识也是变化的。综合利益主体、利益内容、发展方式、发展机制等多个方面，从可持续发展的本质出发，煤矿的安全发展应该是在一系列制度和政策的引导和约束下，经济、社会、生态相互依存、相互作用、相互促进、平衡协调，应该是多重价值的和谐、多重资本的和谐、多重主体的和谐、多重目标的和谐。所以，本书所赋予的安全含义体现在经济安全、生态安全和社会安全三个方面，即“大安全观”。煤矿也应以经济盈余、社会盈余、生态盈余的协调性和持续性为目标，注重长期价值的创造，注重长期的系统的安全绩效。

2. 绩效的概念

绩效也是安全绩效管理中一个极为重要的概念。

从管理学的角度看，绩效是组织期望的结果，是组织为实现其目标而展现在不同层面上的有效输出，它包括个人绩效和组织绩效两个方面。组织绩效是建立在个人绩效实现的基础上，但个人绩效的实现并不一定保证组织是有绩效的。如果组织的绩效按一定的逻辑关系被层层分解到每一个工作岗位以及每一个人的时候，只要每一个人都达成了组织的要求，组织的绩效就实现了。

从经济学的角度看，绩效与薪酬是员工和组织之间的对等承诺关系，绩效是员工对组织的承诺，而薪酬是组织对员工所做出的承诺。一个人进入组织，必须对组织所要求的绩效做出承诺，这是进入组织的前提条件。当员工完成了他对组织的承诺的时候，组织就实现其对员工的承诺。这种对等承诺关系的本质，体现了等价交换的原则，而这一原则正是市场经济的运行的基本规则。

从社会学的角度看，绩效意味着每一个社会成员按照社会分工所确定的角色承担他的那一份职责。他的生存权利是由其他人的绩效保证的，而他的绩效又保障其他人的生存权利。因此，出色地完成他的绩效是他作为社会一员的义务，他受惠于社会就必须回馈社会。

任何事物都是变化发展的，对绩效的认识也是如此。《牛津现代高级英汉词典》对绩效“Performance”的释义是“执行、履行、表现、成绩”，很显然这样一种界定本身就含糊不清，企业更是难以据此进行实际操作。随着管理实践深度和广度的不断增加，人们对绩效概念和内涵的认识也在不断变化。管理大师彼得·F. 德鲁克认为：“所有的组织都必须思考绩效为何物？这在以前简单明了，现在却不复如是。策略的拟订越来越需要对绩效的新定义。”因此，我们要想测量和管理绩效，必须先对其进行界定，弄清楚它的确切内涵。

目前对绩效的界定主要有三种观点：一种观点认为绩效是结

果；另一种观点认为绩效是行为；还有一种观点认为绩效是“结果”与“行为”（过程）的统一体，关注环境变化，关注未来发展（付亚和、许玉林，2003）。

Berandin 等（1995）认为，“绩效应该定义为工作的结果”。Kane（1996）指出，绩效是“一个人留下的东西，这种东西与目的相对独立存在”。从这些定义不难看出，“绩效是结果”的观点认为，绩效是工作所达到的结果，是一个人的工作成绩的记录。对绩效结果的不同界定，可用来表示不同类型或水平的工作的要求，这在我们设计绩效目标时应注意区分。

如果结果产生的过程我们无法控制和评定，那么由行为最终形成的结果还能是可靠的吗？随着人们对绩效问题研究的不断深入，人们对绩效是工作成绩、目标实现、结果、生产量的观点不断提出挑战，普遍接受了绩效的行为观点，即“绩效是行为”。支持这一观点的主要依据是：

第一，许多工作结果并不一定是个体行为所致，可能会受到与工作无关的其他影响因素的影响（Cardy and Dobbins，1994；Murphy and Clebeland，1995）。

第二，员工没有平等地完成工作的机会，并且在工作中的表现不一定都与工作任务有关（Murphy，1989）。

第三，过分关注结果会导致忽视重要的行为过程，而对过程控制的缺乏会导致工作成果的不可靠性，不适当地强调结果可能会在工作要求上误导员工。

认为“绩效是行为”，并不是说绩效的行为定义中不能包容目标，Murphy（1990）对绩效下的定义是：“绩效是与一个人在其中工作的组织或组织单元的目标有关的一组行为”。Compbell（1990）指出：“绩效是行为，应该与结果分开，因为结果会受系统因素的影响。”他在 1993 年给绩效下的定义是：“绩效是行为的同义词，它是人们实际的行为表现，而且是能观察得到的。就定义而言，它只包括与组织目标有关的行动或行为，能够用个人的熟练程度（即贡献水平）来评定等级（测量）。绩效不是行为的后果或结果，而是行为本身……绩效由个体控制下的与目标相关的行为组成。这些行为是认知的、生理的、心智活动的或人际的。”Borman & Motowidlo（1993）则提出了绩效的二维模型。认为行为绩效包括任务绩效和关系绩效两方面，其中任务绩效指所规定的行为或与特定的工作熟练有关的行为；关系绩效指自发的行为或与非特定的工作熟练有关的行为。

随着科技与经济的发展、社会的进步，绩效的形成越来越多元化。从实际意义上来讲，将绩效界定为“结果+过程”是很有意义的，它不仅能更好地解释实际现象，而且，一个内涵丰富的界定往往使绩效更容易被大家所接受，这对绩效管理而言至关重要。

由上分析，绩效可以描述为：某个个体或组织在某个时间范围以某种行为实现的某种结果。绩效是一个多维度概念，是动态的、综合的和多层次的，是若干活动综合作用形成的。

3. 矿井安全绩效内涵

由于一个矿井的安全绝不完全取决于一个矿井的客观条件诸如人员素质、生产要素、技术与管理要素、约束要素等，还要受个人行为、企业行为、地方行为、国家行为和市场吸引等多重要素的影响，矿井安全因素的复杂性决定其绩效也是复杂的。人们对安全绩效的认识也是多元的、不统一的。概括起来有以下几种观点。

（1）经济绩效观

这种观点认为，作为企业总是追求最小的投入产生最大的经济效益。为了提高煤矿的经济效益，必须减少事故，必须减少因事故造成的停产停工损失，减少因事故而引发的人身伤亡、职业病和财产损失，这是一种绩效本体论，着重考虑了安全绩效的微观方面，没有注意到安全的宏观效益，没有超越传统的企业发展模式，没有考虑到安全绩效的外部性，是一种狭隘的绩效观。

（2）生态绩效观

这种观点认为，煤炭是一种不可再生资源，煤炭的开采对周边环境影响很大，必须要考虑到代际公平，安全绩效主要是生态绩效或环境绩效，即煤矿的绩效管理活动给其所处的生态环境所带来的改善如减少和避免环境污染、保护节约矿产资源等是要优先考虑的。这是一种生态绩效论，着重考虑了安全绩效的外部性和宏观效益，但是仅限于生态方面的。

(3) 社会绩效观

这种观点认为，安全绩效主要是社会绩效，即企业的安全绩效管理活动给其所处的社会环境和社会福利所带来的改善以及对社会风气等方面的积极影响。这实质是一种社会绩效论，着重考虑了矿井安全绩效的社会外部性。

由上分析，矿井安全绩效是指矿井在某个时间范围以某种行为在企业发展、生态环境和社会环境影响等方面所达到的现实状态。

第一，矿井安全绩效是一个由众多因素集成的概念，它主要集成了经济绩效、生态绩效和社会绩效；

第二，矿井安全绩效是一个由众多状态整合的概念，表现为协同性、持续性和发展性；

第三，矿井安全绩效是一个多维度的概念。

矿井安全绩效不可能在短期内形成，取决于煤矿长期安全绩效管理活动的强度和广泛性，也取决于煤矿所处的生态环境和社会环境，即所谓的大安全绩效观。

大安全绩效观对于煤炭行业的持续发展具有重要意义。

（二）矿井安全绩效管理的现状与面临的挑战

由于煤炭工业的基础地位，实现煤炭工业可持续发展是中国实现经济重大战略目标的可靠保证，对中国现在及未来的国民经济发展起着决定性的作用。要确保煤炭这一基础产业健康有序的发展，矿井安全必须得到保障，大安全绩效观必须得到进一步落实，矿井安全绩效必须得到进一步全面提高。但目前现状令人担忧：煤炭生产超负荷运行，安全生产压力巨大，安全事故屡有发生，环境生态破坏严重，社会压力不断升温。致使经济绩效上升，而生态绩效和社会绩效下滑。

1. 我国煤矿安全状况①

总体来说，中国煤矿事故呈现出如下几大特点：事故发生次数多，总量大；特大事故多，死亡人数多。这说明煤矿安全基础工作仍相当严峻。尤其在一些国有重点煤矿，发生“大矿大事故”现象严重，重大事故呈增长趋势。

（1）煤矿事故依然严重。2001～2010年，全国煤矿事故死亡47870人，年平均死亡人数是4787人，占全国工矿企业死亡人数的37.6%。全国煤矿共生产煤炭约221.2亿吨，年平均百万吨死亡率为2.16。2001～2010年全国煤矿百万吨死亡情况统计如表1－1所示。

表1－1　2001～2010年全国煤矿百万吨死亡统计

年　份	2001	2002	2003	2004	2005	2006	2007	2008	2009	2010
百万吨死亡率	5.14	4.94	3.71	3.08	2.81	2.04	1.48	1.18	0.89	0.75

数据来源：国家安全生产监督管理总局网站，http：//www.chinasafety.gov.cn。

从表1－1统计情况看出，十年来我国煤炭安全生产工作总体上向好的方向发展的同时，形势依然十分严峻（见图1－1）。而在其他一些产煤大国中，百万吨死亡率都已经降到了较低的水平。以2009年为例，我国煤矿的百万吨死亡率为0.89，分别约是美国的42.2倍，南非的14.8倍，印度的7.7倍，波兰的7.0倍，俄罗斯的6.2倍。国内煤矿事故依然严重。

（2）事故发生次数多，死亡人数大，经济损失严重。相比其他行业，我国煤矿的安全生产形势更为严峻，死亡事故频发，死亡人数大（见表1－2）。

① 关于煤矿数据均是通过“国家安全生产监督管理总局网站”、“国家统计局网站”、“中国能源网”、“国家煤炭与能源研究中心网站”以及“美国矿山安全健康监察局网站”获得。

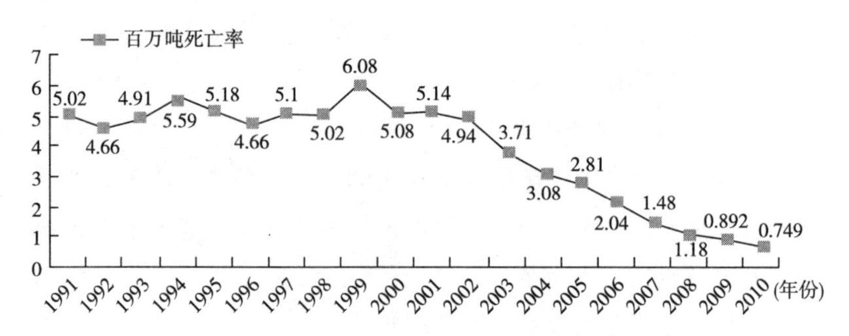

图 1-1　1991~2010 年全国煤矿百万吨死亡情况

表 1-2　2001~2010 年来煤炭生产安全事故统计

单位：万吨，起，人

年　份	2001	2002	2003	2004	2005	2006	2007	2008	2009	2010
煤炭产量	110559	141531	172787	199735	211285	233178	252341	271583	295000	324000
事故总起数	3082	4344	4143	3641	3306	2945	2421	1954	1616	1403
死亡人数	5670	6995	6434	6027	5938	4746	3786	3210	2631	2433

数据来源：国家安全生产监督管理总局网站，http：//www. chinasafety. gov. cn。

从表 1-2 给出的十年来煤炭生产安全事故有效统计情况看出，2001~2005 年，煤矿事故频发，事故起数和死亡人数居高不下。这五年，煤矿事故起数基本在 3500 起左右，死亡人数基本都在 6000 人左右，造成了巨大的财产损失和人员伤亡。2005~2010 年，在全国煤炭产量增长 53. 3% 的情况下，煤矿事故总量连年下降，由 3306 起减少到 1403 起、下降 57. 6%，年均减少 381 起、平均下降 15. 7%；死亡人数连年减少，由 5938 人减少到 2433 人，少死亡 3505 人、下降了 59. 0%，年均少死亡 701 人、平均下降 16. 3%；煤炭百万吨死亡率连年下降，由 2. 81 下降到 0. 75、下降了 73. 3%、年均下降 14. 7%。2001~2010 年全国煤矿事故起数和死亡人数变化情况见图 1-2。

（3）重特大事故多。2001~2007 年，全国煤矿共发生 10 人以上死亡事故 354 起，死亡 7278 人，平均每年发生 51 起，死亡 1040 人。2004 年 10 月份以来，接连发生了河南郑州大平煤矿、

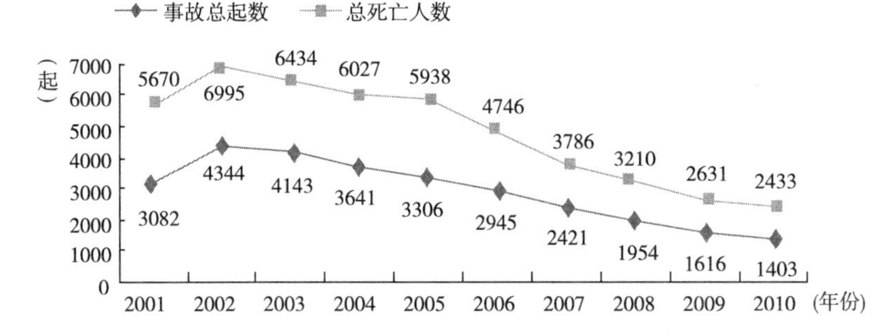

图 1-2 2001~2010 年煤矿事故数、死亡人数统计

陕西铜川陈家山煤矿、辽宁阜新孙家湾煤矿、广东梅州大兴煤矿、黑龙江七台河东风煤矿及河北唐山刘官屯煤矿等多起百人以上的煤矿事故。特别是 2005 年 2 月 14 日发生的孙家湾煤矿瓦斯爆炸事故死亡 214 人，成为新中国成立以来死亡人数最多的一次煤炭生产事故。煤矿重大事故的不断发生不但给国家和人民造成了重大的经济损失，也带来了不良的社会和政治影响。

（4）乡镇煤矿事故多。2001~2007 年，乡镇煤矿事故数和死亡人数均占全国煤矿事故数和死亡人数的 70% 以上。2007 年，全国乡镇煤矿发生各类事故 1760 起，死亡 2900 人，事故数和死亡人数分别占全国煤矿事故数和死亡人数的 72.7% 和 76.6%。乡镇煤矿百万吨死亡率达到 3.23，是国有重点煤矿的 8.5 倍。

（5）大矿事故大。2003~2007 年全国发生过一次死亡百人以上的矿难 7 起，4 起发生在国有大煤矿。2004 年 10 月 20 日，河南大平煤矿瓦斯爆炸事故，148 人遇难；2004 年 11 月 28 日，陕西铜川煤矿瓦斯爆炸事故，166 人遇难；2005 年 2 月 14 日，辽宁阜新孙家湾煤矿重大瓦斯爆炸事故，214 人死亡，30 人受伤，直接经济损失 4969 万元；2005 年 8 月 7 日，广东梅州大兴煤矿重大渗水事故，123 人死亡，直接经济损失 4725 万元；2005 年 11 月 27 日，黑龙江东风煤矿特别重大煤尘爆炸事故，171 人死亡，伤 48 人，直接经济损失 4293 万元；2007 年 8 月 17 日，山东新汶矿业集团华源有限公司张庄煤矿（股份）溃水，172 人死亡；2007 年 12 月 5 日，山西临汾洪洞县新窑煤矿（乡镇）瓦斯爆炸，105 人死亡。大矿大事故的频发现象表明煤矿风险管理意识、理论与方法的不足不仅存在于乡镇煤矿，同样也存在于国有大型煤矿。

（6）瓦斯、水害事故突出。2001～2007 年，全国煤矿一次死亡 3 人以上的事故中，瓦斯事故平均每年发生 179 起，占 60%，居第一位；水害事故平均每年发生 47 起，占 15%，居第二位。2001～2006 年全国煤矿一次死亡 10 人以上的事故中，瓦斯事故平均每年发生 36 起，占 71%，水害事故平均每年发生 10 起，占 19%，对于自然灾害风险源辨识、监控和应对的理论与方法研究成为煤矿风险管理的重大课题。

（7）职业病危害严重。职业病是指企业、事业单位和个体经济组织（以下统称用人单位）的劳动者在职业活动中，因接触粉尘、放射性物质和其他有毒、有害物质等因素而引起的疾病。我国实际接触有害作业的人数、职业病患者累积数、死亡人数和新发生病例，都是世界上最高的。

煤炭行业是职业危害最严重的行业，主要会引起尘肺病。全国煤矿目前统计的尘肺病患者为 607570 例（其中 137481 人已死亡），患者每年大约增加 1.2 万例，每年约有 2500～3000 人死亡。此外，风湿、腰脊劳损等职业疾病，在煤矿也普遍存在。

（8）经济损失严重。煤矿事故造成的经济损失重大，常常引起矿毁人亡。国家明文规定，煤矿重特大事故每死亡 1 人平均赔偿不低于 20 万元，再加上井下设备毁坏、停产造成的经济损失以及复产发生的经济投入，每年事故造成的直接经济损失预计在 2500 亿元左右。

煤矿重大动力灾害的威胁还极大地限制了矿井生产能力，导致矿井机械化装备的效能只能发挥 60%～70%，降低了生产效率，每年经济损失达数百亿元。

（9）社会绩效下降。我国煤矿事故多，安全状况不好，已引起国内外社会各界和广大新闻媒体的广泛关注，不利于国民经济发展和全面建设小康社会，并影响到我国的国际形象。

2. 煤炭开采对环境绩效的胁迫分析

煤炭开采引起的生态环境破坏，主要由以下三个过程引起：一是开采活动对土的直接破坏，如露天开采会直接毁坏地表土层和植被，地下开采会导致地层塌陷，从而引起土地和植被的破坏；二是煤炭开采过程中的废弃物（如矸石等）需要大面积的堆置场地，从而导致对土地的过量占用和对堆置场原有生态系统的破坏；三是矿山废弃物中的酸性、碱性、毒性或重金属成分，通过径流和大气飘尘，会破坏周围的土地、水域和大气，其污染影响面将远远超过废弃物堆置场的地域和空间。主要表现在：一是景观型破坏，对采矿地的地貌的影响；二是环境质量型破坏，对所在地区土质、水质，甚至大气质量的影响；三是生物型破坏，对原有生物群落的摧毁，以及对当地生物群落的严重破坏甚至摧毁[17]。

煤炭开采的生态绩效胁迫具体体现在以下几个方面：

（1）煤炭开采对水资源的破坏。在煤炭开采过程中，为了保证采煤安全，需进行人为的疏干排水；同时采动形成的导水裂隙疏干排水使地下水资源受到破坏和污染，不少矿区井泉干涸，地层水位下降，导致农作物减产及草场退化；在半干旱的西部矿区还有可能诱发沙漠化。北方矿区有19%的岩性水资源被煤矿排出，使这些水资源受到不同程度的污染。另外，疏干碳酸盐围岩含水层时，其岩溶和溶洞会成为地面塌陷下沉、地面设施被破坏的隐患。而当塌陷区或井巷地表贮水体存在水力的沟通时，则会酿成淹没矿井的重大事故。

（2）植被破坏。煤炭开采引起的地表塌陷，会直接破坏地表植被，从而加剧水土流失与沙漠化。地表塌陷引起土地排水系统破坏，微型地貌变化引起小气候和水热气肥等土壤肥力因子变化，水土流失加剧，地下水出露和盐渍化都降低了土地利用价值，会导致植物生产量降低，从而影响矿区生态系统健康。据调查，在中国因采矿直接破坏的森林面积累计达 106 万公顷，破坏草地面积为 26.3 万公顷，累计占用土地约 586 万公顷，破坏土地约 157 万公顷，且每年仍以 4 万公顷的速度递增，而矿区土地复垦率仅为 10%。另据测算，中国每采 1 万吨煤，平均塌陷土地 0.2 公顷；在村庄稠密的平原矿区，每采出 1000 万吨煤需迁移约 2000 人（王革华，2004）。

（3）水质污染。煤炭开采所排出的矿井污水或含有大量悬浮物、或矿化度较高、或为酸性水、或含有大量有害重金属离子，甚至含有少量危害性较大的氟和放射性元素。矿井水污染农田使之减产，或污染湖泊抑制鱼类生长，或渗入地下污染饮用水，危及人体健康。矿山开采后的矸石堆成的矸石山如不能妥善处理，将成为一个在一定时空下稳定的地下水污染源。矸石山长期处在氧化、风蚀、溶滤过程中，使各种有毒矿物成分或有害物质随水转入地下、地表水体和农田、土壤之中，造成地下、地表水体长期不断的化学污染。

（4）矿井通风对大气的污染。埋藏在地下的煤炭保留着一部分在其煤化过程中生成的烃类气体（主要是甲烷），这些甲烷在采煤过程中释放出来，由矿井通风排到大气中。煤炭开采排放的甲烷量约占人类活动所排放甲烷总量的 10%。甲烷是一种主要的温室效应气体，而且其浓度在大气层中增高后，使对流层中的臭氧增加，平流层中的臭氧减少。中国煤炭工业甲烷的排放量约占世界因采煤而放出甲烷总量的 1/4 ~ 1/3。由矿井排出的气体还有少量的硫化氢（H_2S）、一氧化碳（CO）等有害气体，会严重污染大气环境，不仅损害人、畜、植物，还严重威胁附近的大片森林。

（5）产生大量泥沙流、泥石流或发生山体滑坡，从而加剧了水土流失。开采位于山区的煤炭资源，由于大量堆放煤矸石和植被破坏，在雨季会产生泥沙流或泥石流。水土流失所产生的泥沙会影响到水体的物理性质，如浊度、透明度以及水的动力学性质等，破坏了生物群落的组成结构和功能，导致生态系统健康状况的恶化。

（6）废渣污染。废弃矿渣及矸石不仅占用大量土地、堵塞河道、影响生态环境，而且由于煤矸石中有硫化铁和含碳物质的存在，还会自燃发火，约有145座矸石山正在自燃，自燃排放大量烟尘，一氧化碳、硫化氢、二氧化硫等有害气体，严重污染大气，居民身体健康也会受到危害。同时煤矸石风化淋滤，使煤矸石中的有害物质进入土壤河流造成水土环境直接污染，不利于植物生长。

综上所述，煤矿安全生产许多深层次问题的解决仍需要相当长时间，与大安全绩效观即经济绩效、生态绩效和社会绩效的协调发展“真正性落实、根本性好转”的目标仍有一段距离，煤矿安全绩效仍然是煤炭工业目前最突出、最需要解决的现实问题。

三　研究意义

实现安全发展、落实大安全绩效观、全面提升矿井安全绩效是实施煤炭工业可持续发展的本质要求，也是贯彻落实煤炭工业科学发展观的必然要求。本书正是基于这样一种思想开始探讨中国煤炭企业的安全绩效管理问题的。本书从中国煤炭行业的现况出发，把矿井安全绩效作为研究主题，从企业内部和外部两个角度来审视中国煤矿安全绩效的制度安排和形成机制，既探讨企业外部管制制度的安排对煤矿企业安全绩效管理的影响，又深入煤矿企业内部观察煤矿企业内部的安全管理机制对煤矿企业安全绩效的影响。以期解决好中国煤炭生产重经济绩效，轻生态绩效和社会绩效等问题，形成符合中国国情的煤炭安全生产管理体系，确保矿井经济绩效、生态绩效和社会绩效的协调发展。因此，研究结论对于制定未来煤炭工业可持续发展战略具有一定的理论指导意义。

第一，以可持续发展理论、社会责任理论、利益相关者理论等为理论基础，结合我国煤矿发展的现状，提出了大安全绩效型煤矿发展模式，即现代煤矿的发展应该是“多重目标和谐”为内容的新的煤矿发展模式。按照“多重目标和谐”这一理论，煤矿的价值观应发生根本性转变：以“利润最大化”、“利润满意化”为目标的“经济价值观”向以“经济价值、社会价值、生态价值”的持续性和协调性为目标的多重价值观转变，体现为多重价值的和谐。煤矿不仅是经济系统的要素，而且是社会系统和生态系统的成员。煤矿应该明确认识自己的多重身份，按照经济主体、社会主体、生态主体的多重身份进行管理和运作，以保持多重身份之间和谐关系为原则，不可厚此薄彼。这一理论的提出，增强了煤矿安全绩效管理理论的科学性、完整性和系统性，无疑对我国煤矿企业发展的可持续性起到一定程度的理论支撑和保证。

第二，通过矿井安全的外部作用影响分析，发现这种影响是把“双刃剑”，一方面矿井安全能促进社会的稳定、经济的发展、环境的改善、社会福利的提高；另一方面也产生一些不容忽视的问题，主要表现为搭便车现象、矿井安全虚报现象、市场资源配置低效等。通过对矿井安全绩效的内部实现机制分析，发现矿井安全绩效的内部实现影响因素众多，纵横关系错综复杂，但在一个科学发展、可持续发展的环境中，煤炭生产企业的组织特性（企业家素养、抱负水平、执行效率、合作状态）、能力结构（评估能力、配置能力、学习能力）乃是形成安全绩效的内在本质因素。其结论可以作为政府决策、企业决策的理论依据。

第三，本书的形成可以促进矿井安全绩效管理的研究。按照马斯洛的需求层次理论，安全无论对于个体的发展或是团队的发展都是最基本的前提，没有安全其他就无从谈起。而绩效则是人们追求的工作目标，又是安全存在的基本条件。从这种角度分析可以发现：安全既是起点又是终点，绩效既是终点又是起点。所以安全绩效管理贯穿整个人的发展历程，贯穿整个企业的发展历程，贯穿整个社会的发展历程。由此矿井安全绩效管理的研究将促进安全绩效管理学的产生，充实管理学的内容体系，推动管理学科的发展。

第二节　研究综述

一　安全管理

国外在安全管理理论研究方面大致经历了三个阶段。20 世纪 30 年代前，限于科学技术的发展水平，企业的安全管理工作主要是基于事故发生后的经验总结，处于“亡羊补牢”的事后控制阶段。20 世纪 30 年代以后，随着过程管理、抽样方法和统计技术的飞速发展，对企业生产过程状态进行监控成为可能，于是就进入了注重事故发生过程管理的事中控制阶段。20 世纪 50 年代以来，随着人们对生产过程规律性的认识不断加深，在事故发生之前，采取一定的措施预防各类生产事故的发生成为安全管理的主导，以预防为主的事前控制思想也在各个领域得到应用。特别是全新的质量观念、零缺陷管理、预防性维护、学习型组织、风险管理等现代管理理念日益成为各个企业管理者提高安全管理水平的利器。国外安全管理理论经历了一个以机器为中心、以人为中心和以管理为中心的转化过程。事故致因理论是企业从事安全管理的理论基石，国外研究提出了多种事故致因理论。如格林伍德（M. Greenwood）和伍兹（N. Woods）在 1919 年提出的“事故倾向性格”论，1936 年海因里希（N. W. Heinrich）提出的事故因果连锁理论，1961 年由吉布森（Gibson）提出的“能量异常转移”论。近 40 年来，人们结合系统论、信息论和控制论的观点、方法，提出了一些具有代表性的事故理论和模型。1969 年瑟利（J. Surry）提出的瑟利模型，是以人对信息的处理过程为基础描述事故发生因果关系的一种事故模型。与此类似的理论还有1972年威格里沃思（Wigglesworth）的“人失误的一般模型”、1974年劳伦斯（Lawrence）的“金矿山人失误模型”，以及1978年安德森（Anderson）等人对瑟利模型的修正等。上述理论把人、机、环境作为一个整体（系统）看待，也有人将它们统称为系统理论。动态和变化的观点是近代事故致因理论的又一基础。1972年本尼尔（Benner）提出了在处于动态平衡的生产系统中，由于“扰动”（Perturbation）导致事故的P理论，约翰逊（Johnson）于1975年发表了“变化—失误”模型，1980年塔兰茨（W. E. Talanch）介绍了“变化论”模型，1981年佐藤吉信提出了“作用—变化与作用连锁”模型。综合论的事故模型是目前世界上最为流行并被广泛接受的事故理论，我国以及美国、日本等国都主张按这种模式分析和处理事故。综合论认为，事故是由于人的不安全行为和物的不安全状态综合作用的结果，是由于社会因素、管理因素和生产中的危险因素被偶然事件触发而形成的。近年来比较流行的“轨迹交叉”论的实质与综合论是相同的，认为人、物两大系列时空运动轨迹的交叉点就是事故发生的所在，预防事故的发生就是设法从时空上避免人、物运动轨迹的交叉。与轨迹交叉论类似的理论还有“危险场”理论。Karlene，H. Roberts，Robert Bea和Dean，L. Battles（2001）提出一个高可靠性组织可以预防和避免常规事故的发生。Neil Bridge，Bob Ferguson，Robert Mcgrath（2002）介绍了在澳大利亚煤矿目前实行的、被各个煤矿联盟广泛支持的安全改进计划。这个安全改进计划通过员工的广泛参与和承诺更好地实现了对工作场所的风险控制。David Laurence（2002）对于矿工的安全态度和安全业绩之间的关系进行了调查研究，根据调查中所采用的标准和各个煤矿相应的安全业绩资料建立了一个安全行为模型，并构造了一个安全行为轮状图来说明管理环境、矿山专用规则和工人相应的安全行为这三个关键概念之间的关系。J. C. Groombridge（2003）提出煤矿应该借鉴石油行业的做法，实行一种安全案例模式来加强企业的安全管理并阐述了安全案例模式的基本概念及实施要点。Chaulya, S. K.（2004）探讨了印度小型矿山的环境、安全与健康管理问题，指出开采矿物必须基于正确的计划和可靠的技术，尤其对于生态敏感和脆弱的地区，必须采用适当的、温和的开采方法。美国劳工部矿山安全与健康管理局（2004）回顾其成立25年（1978～2003年）以来的成就并介绍了美国煤矿成功的经验，包括建立安全文化、不断改进技术、重视安全培训以及注意借鉴国外经验等，此外要求美国的矿山经营者实施SLAM（即Stop-Look-Analyze-Manage）的危险管理技术来加强美国矿山的安全管理，以尽可能地降低事故发生率；Dave D. Lauriski（2004）提出创建一个顺从的文化来增加煤矿的安全程度。

国内在安全管理研究的学者有：宋大成（1989）在事故信息管理方面进行了研究；沈裴敏、张齐尧、张秉义等（1991）在安全系统工程方面进行研究；陈宝智（1995）在对系统安全理论进行研究的基础上，提出了事故致因的两类危险源理论；周长春、曹庆贵、袁旭等（1995）在安全评价方面进行研究；林泽炎（1996）在事故的因素方面进行研究；何学秋（1998）提出安全科学的“流变—突变”理论；高进东（1999）在重大危险源的辨析方面进行研究；徐开立（1999）在安全等级特征方面进行研究；田水承（2001）提出组织失误是第三类危险源；白春华、肖桂平等（2001）在煤矿安全的基础理论方面进行研究；赵从国（2001）详细分析了投入不足对煤矿安全管理造成的种种影响，并从落实安全责任制，强化培训教育方面提出了相应的对策；周心权（2002）等在矿井事故防范方面进行研究；张中强、王明利（2002）提出借鉴美国非营利组织管理专家里贾纳·E. 赫茨林杰教授提出的专门针对缺乏责任机制的非营利组织（主体是政府和公益组织）的管理而采取的DADS法——即信息披露（Disclosure）、信息分析（Analysis）、信息发布（Dissemination）、惩罚（Sanction）来加强对煤矿安全监管部门的管理；付茂林、刘朝明、叶素文（2003）则建立了查处矿山安全隐患的安全监察部门与煤矿主两者之间的博弈模型，并给出了该模型的解；香港中文大学的王绍光（2003）对目前国内事故频发的煤矿企业的安全生产状况进行了分析，并对煤矿的生产者和监管者分别进行了讨论；孙忠强（2003）主要探讨系统工程理论在煤矿安全管理中的应用；唐璨、赵永伟（2003），马士江、秦世祖（2004）从中国煤矿安全管理的现状出发，结合中国煤矿安全生产法律法规的建设情况，提出必须依法加强煤矿的安全生产管理；吴征艳、蒋曙光、金双林（2004）通过国内外煤矿安全管理的对比，提出要完善中国煤矿安全管理体制；王俊林（2004）从人的安全意识角度论述了不良的安全意识在煤矿生产中的表现及安全意识与事故的关系；付茂林、刘朝明、叶素文（2003），陈宁、林汉川（2006），王军（2005）等认为安全事故发生是由于煤矿企业安全投入低，是煤矿企业与煤矿监管双方博弈的结果；李兆祥（2004），许胜铭、赵玉辉（2004），李晓恒（2004）等主要针对中国煤矿安全监察方面存在的问题进行了研究并提出相应的解决对策；李豪峰、高鹤（2004），针对中国煤矿安全生产监管体制的特征，构建了一个三方博弈模型，从博弈的角度对中国煤矿企业安全生产的监管体制进行了分析并提出了一些政策建议；栗继祖等（2004）则利用心理学的相关知识，分析了煤矿作业对人提出的安全心理素质要求并探讨了煤矿从业人员的心理因素与安全生产之间的关系；程正言（2004），杜智琴（2004），陈建忠（2004）等从企业文化建设的角度，对全面走向市场以后，煤矿企业如何建设具有自身特色的安全文化，消除事故隐患，稳固安全基础，促进企业发展进行了论述。樊瑞峰、王安旺、王宏德等（2004）从煤矿安全程度评估的角度出发，结合郑煤集团评估工作，介绍了评估标准、评估内容和组织实施方法，提出通过开展煤矿安全评估，建立煤矿企业的安全生产长效机制。刘双跃、曲光（2004）则基于相关法规和安全评价的实践经验，对煤矿安全评价的内涵以及做好安全评价的关键环节进行了研究分析，提出了做好安全评价工作的对策和建议；张维迎（2005）认为制度规则的模糊性以及所有权与使用权保障的缺失，使得煤矿企业在市场需求的冲击下产生强烈的短视行为，这是导致煤矿安全生产事故频频发生的一个因素；傅贵（2005）对安全管理方案模型进行了研究，以便定量测评组织的安全管理活动，准确找到安全管理改进机会；陈红等（2005）基于特征源和环境特征研究中国煤矿重大事故的直接原因，认为人为事故（含故意违章、管理失误、设计缺陷）所占比率高达97.67%以上；王广成（2006）认为煤矿安全是一个复合的系统，可分为社会、经济、自然三个子系统，煤矿安全管理应该扩展到三个领域。施伟等（2007）针对我国煤矿安全生产的现状，给出了安全评价的原则和程序，并对安全评价的各种方法进行了对比分析；许正权等（2007）针对我国煤矿生产重大安全事故频发的现状，以及煤炭企业内部经营管理机制和市场环境的复杂性，运用交互式安全管理理论对事故成因进行解释，从系统和谐的角度提出了构建煤矿安全事故预防长效机制的基本思路，即通过逐步整合安全管理流程、安全预警、内外部控制体系及安全文化，从而形成基于系统和谐交互机制的煤矿安全事故预防的长效机制；陶长琪等（2007）利用近几年发生在我国的较为重大的煤矿安全事故的相关数据和信息，采用数据挖掘分析方法，分析导致我国煤矿安全事故频发的缘由，建立了矿难事故中的四方博弈主体，即煤矿工人、煤矿经营者、地方政府官员和中央政府监管部门之间的利益关系的博弈分析模型；陈红等（2007）研究了中国煤矿重大事故中的煤矿工人故意违章行为的影响因素，以煤矿工人个体层面和煤矿组织层面的各类因素作为外源变量，以行为效价和行为成本感知为中介变量，以煤矿工人高成本—高效价和高成本—低效价两类特征性故意违章行为作为内生变量，构建故意违章行为影响因素的结构方程模型，发现了煤矿工人的传记特征对两类特征性故意违章行为具有直接的正向影响，煤矿生产任务性质通过感知效价间接正向影响两类特征性故意违章行为，煤矿组织特征和关系特征变量均对两类特征性故意违章行为具有间接的负向影响。肖兴志（2010）对中国煤矿安全规制进行了比较系统的研究，认为煤矿安全规制中的信息不对称性是安全事故产生的一个重要原因。

已有研究成果分别从煤矿事故成因、安全辨识、安全评价、安全控制、安全规制、安全管理方法等角度对煤矿安全管理进行了探讨，但对煤矿安全生产管理的社会性、生态性进行系统研究比较少，这是本书进行研究的初衷。

二　绩效管理

绩效管理始于绩效评估。从绩效评估过渡到绩效管理和研究者们揭示绩效评估的不足是分不开的。这一时期的代表人物有：Levinson、Spangengerg、Fandray、Dayton、Nickols、Tom Coen 和 Mary Jenkins 等。随着经济与管理水平的发展、人类社会的不断进步，越来越多的管理者和研究者意识到绩效评估的局限性和不足，绩效管理正是在对传统绩效评估进行改进和完善的基础上逐渐形成和发展起来的。

1. 不同绩效管理思想评述

观点一：认为绩效管理是组织绩效管理。代表人物为：英国学者罗杰斯（Rogers，1990）、布瑞得鲁普（Bredrup，1995）、麦克贝和萨拉曼（Mabey、Salaman，1995）等。该观点将绩效管理理解为组织绩效，通过绩效计划、绩效考核、绩效改进等过程对组织绩效进行管理，它不仅强调结果导向，而且重视达成目标的过程。其核心在于决定组织战略以及通过组织结构、技术作业系统和程序等加以实施，更像战略或事业计划。个体因素及员工虽然受到组织结构、技术作业系统等变革的影响，但在此种观点看来，它不是绩效管理所要考虑的主要对象。

观点二：认为绩效管理是员工绩效管理。代表人物是：艾恩斯沃和史密斯（Ainsworth、Smith，1993）、奎因（Quin，1987）、托林顿和霍尔（Torrington、Hall，1995）等。他们通常将绩效管理视为一个周期，用一个循环过程来描述绩效管理。这种观点将绩效管理看成是组织对一个人关于其工作成绩以及他的发展潜力的评估和奖惩。艾恩斯沃和史密斯提出了一个三步骤循环：绩效计划、绩效评估、绩效反馈。奎因设想了一个三步骤的过程：计划、管理和评估。托林顿和霍尔提出的三步骤是：计划、支持和绩效考核。海斯勒（Heisler，1988）总结了绩效管理过程的四个要素：指导、加强、控制和奖励。施奈尔（1987）提出了五个要素：计划、管理、考查、奖励和发展。在这些研究成果中有一个共同的观点，即管理者与被管理者应该在对雇员的期望值问题上形成一致的认识；他们共同提倡员工对组织的直接投入和参与，这也许是达成共识的一种方式。绩效激励是部门管理者的一项职责。此外，他们还在绩效考查方面发挥着特殊管理者共同参与的活动，这就是说，绩效考查应该是一项共同的活动，其责任不仅在于管理者，而且直接工作者也承担着相应的责任。此外，考查应被视为一种不断进行的活动，1 年内只进行二三次是根本没有意义的。

观点三：认为绩效管理是组织和员工的综合绩效管理。代表人物：艾恩斯沃和史密斯（Ainsworth、Smith，1993）、考斯泰勒（Costello，1994）、麦克菲和钱帕尼（Mcfee、Champagne，1993）、斯托里斯森（1993）等。此观点将绩效管理看成是管理组织和雇员绩效的综合体系，但其内部也因强调重点不同而并不统一。考斯泰勒的模型意在加强组织绩效，但其特点确实强调对员工的干预，他认为“绩效管理通过将各个员工或管理者的工作与整个工作单位的宗旨连接在一起，来支持公司或组织的整体事业目标”；艾恩斯沃和史密斯就是这样的一个代表，他们的模型认为，雇员的绩效管理发生在组织目标的框架之内。但是从某种意义上说，他们所采用的框架是既定的。所以艾恩斯沃和史密斯在提出以雇员为核心的绩效管理观点时，做了一些假设：使命和共同目标已经明确予以表达并得到了解决；关键产品领域设立了下属部门的目标，而且高层集体明确了组织的竞争优势和价值增值的范围；参与人员已经知晓并理解这些假设。斯托里斯森、麦克菲和钱帕尼等人把绩效管理视为一种综合体系的模型，对组织框架的阐述更加清楚，并提出了绩效管理循环对此进行论证。

由上分析，我们必须从几个层次来理解绩效管理，应涉及个人、组织和社会的各个层次以及它们的协同性。绩效管理作为一种多层次整合的观点出现，更适合人力资源管理行为和组织目标的配合。在此基础上，本书认为绩效管理是一个这样的过程：管理者用来确保员工的工作活动和工作产出与组织目标、社会目标一致的手段和过程。绩效管理是一个完整的管理过程，它侧重于信息沟通与绩效提高，强调沟通与承诺，注重经济绩效、生态绩效与社会绩效协同性，贯穿管理活动的全过程。

2. 绩效管理理论的研究进展

绩效管理理论的提出，引起了许多研究者的广泛关注，使得绩效管理理论迅速得到丰富和发展。绩效管理理论的进一步完善主要体现如下两个方面。

（1）绩效管理理论的基础研究。我们如今所倡导的绩效管理系统，在一定程度上建立于组织心理学的三大里程碑“关键事件技术、目标管理与强化原理”的基础上。然而莱瑟姆和韦克斯利（1981）认为绩效考评还应建立在组织公平感的基础上。我国学者王怀明（2003）对上述问题进行了较为系统的总结。徐红琳（2004）从系统论、控制论、信息论、目标设置和目标管理理论五个方面探讨了绩效管理理论的基础。

（2）绩效管理模型的研究。绩效管理模型的研究主要集中在一般的绩效管理模型及应用、绩效量化评估模型、绩效管理综合评测模型及其应用、绩效管理实施模型、以战略为导向的绩效管理模型等方面。国外企业绩效管理模型研究：如 Elliott，Simon 和

Coley-Smith，Helen（2005）以BP的润滑油业务部门为应用对象建立了一个严格的绩效管理模型，以获得关于关键业务沟通和绩效合同规定的行动效果的可靠信息；林奇和克罗斯（Lynch和Cross，1990）的业绩金字塔，卡普兰和诺顿（Kaplan和Norton，1992）的平衡计分卡，尼利（Nelly，2002）的绩效三棱镜和其他一些基于利益相关者理论的绩效评价模型；美国学者索尼菲尔德（Sonnefeld，1982）从外部利益相关者的利益出发，从社会责任和社会敏感性两个方面设计问卷，提出了企业绩效的外部利益相关者评价模式，问卷要求利益相关者对企业的社会责任和社会敏感性进行综合评价；克拉克森（Clarkson，1998）从企业、雇员、股东、消费者、供应商、公众利益相关者等方面，借鉴沃提克和寇克兰（Wartick and Coehran，1985）描述企业社会绩效的四个术语建立了评价企业社会绩效的RDAP模式，这四个术语是“对抗型”（Reactive）、“防御型”（Defensive）、“适应型”（Accommodative）和“预见型”（Proactive）；戴文邦特（Davenport，2002）以伍德（wood）的公司社会绩效模型和弗里曼（Freeman）的利益相关者框架为基础，从企业伦理行为、利益相关者责任、环境责任三个方面，按照“公司公民身份”的要求，对企业绩效进行了评价；瑟基（Sirgy，2002）提出了“利益相关者关系质量”的概念，将利益相关者分为内部利益相关者、外部利益相关者和末端利益相关者，建立了基于上述三种利益相关者关系质量的绩效评价模型。我国学者也提出了一些新的企业绩效评价模型：王爱华、綦好东（2000）按照可持续发展要求，建立了由环境效益、经济效益、社会效益所组成的企业可持续发展评价模型；李苹莉（2001）以利益相关者理论为基础，研究了不同利益相关者的利益保护机制，建立了经营者业绩评价的利益相关者模式；张蕊（2002）以平衡计分卡为基础，建立了战略经营业绩评价模型；杨宗昌、许波（2003）构建了以利息、所得税、折旧、摊销前利润（EBITDA）为起点的绩效评价模型；朱治龙（2003）

等借鉴平衡计分卡和《企业绩效评价操作细则》的基本结构，构建了由基本指标体系、修正指标体系、评议指标体系所组成的上市公司绩效评价模型；刘亚莉（2003）从投资者、定规者、政府、公众、消费者五个方面建立了自然垄断企业利益相关者取向的综合绩效评价模型；梁梁、罗彪等（2003）研究了基于战略的全绩效管理实施模型；齐二石、刘传铭等（2004）对公共组织绩效管理综合评测模型及其应用进行了研究；李健、邱立成、安小会（2004）从经营效果、绿色效果、资源能源属性、销售和消费属性、生产属性、环境效果、发展潜力等方面构建了面向循环经济的企业绩效评价模型；祝焰、莫清（2005）借助平衡计分卡的思想，提出了财务维度、内部运营维度、客户维度、职员学习维度、创新维度、供应商维度六个层面的战略性绩效评价体系；温素彬、薛恒新（2005）从经济、生态、社会三个方面建立了基于科学发展观的企业绩效评价指标体系和评价模型；魏明侠等（2005）提出了企业的发展绩效、持续绩效和协调绩效等单维度的评价方法和模型。王长建、傅贵（2008）等认为安全绩效是指企业安全生产管理在运作上的整体表现，借助行为科学的方法能够提升安全绩效，他们在研究国内外安全绩效要素及分类方法的基础上，结合平衡计分卡要求，提出了包含 10 个一级要素及 50 个二级要素的企业安全绩效指标体系，并就指标的设立原则、定义、权重的确定和应用、考核与维护进行了实证模型分析。

总之，我国关于矿井安全绩效管理的成果不是太多，大多数研究成果都是对国外研究成果的应用或整合。从评价内容和指标属性来看，我国的绩效评价体系基本上属于财务模式。《企业绩效评价操作细则》考虑了各方面的因素，设置了 8 项非财务性质的评价指标。另外，随着可持续发展战略的进一步推进，我国学者也提出了按照可持续发展的要求建立矿井安全绩效评价体系的思路。但是，当前我国矿井安全绩效评价的主流仍然是以经济利益为主的绩效评价模式，考虑矿井生产经营中的生态成本和社会成本的企业不是太多，不利于可持续发展战略的推进和实施。从国内外的发展状况来看，矿井安全绩效评价开始逐步平等地考虑利益相关者的利益和社会责任，呈现出财务绩效与非财务绩效相结合、经济绩效与社会绩效以及环境绩效相结合的发展趋势。但是，当前的大多数绩效评价体系仍然侧重于对经济绩效的评价，尽管有些指标体系也考虑到矿井的社会贡献和环境影响，但仍然是局部的，无法全面地反映企业在经济、生态、社会三方面价值创造的协调性和持续性。当前大多数绩效评价指标体系仅仅考虑当代利益相关者的利益，对于后代利益相关者和非人类物种利益关者的关心仍然不够。因此，应当尽快研究制定一套基于大安全绩效观的矿井安全绩效管理评价体系，为可持续发展战略在企业层次的实施奠定理论基础和方法保障。

第三节　研究思路与结构安排

一　研究思路

本研究在阅读相关文献的基础上，以可持续发展理论为基础，结合系统管理理论、利益相关者理论、企业社会责任理论、博弈理论、制度经济理论等学科理论知识，以中国煤炭生产企业安全绩效管理现状为研究对象，采用定性分析与定量分析相结合，理论研究与专家咨询、政府咨询、企业跟踪调查相结合，静态研究与动态研究相结合，局部均衡分析和一般均衡分析相结合等方法，旨在揭示矿井安全绩效的形成机制和控制方法，为大安全绩效观的全面导入、实施、评价和控制管理提供理论依据，为我国煤炭工业健康和谐持续发展提供建设性思考和建议。为此做了以下主要工作。

第一，对所研究的内容进行科学论证，并大量搜集相关研究资料，掌握国内外研究现状；

第二，对安全绩效管理的基础理论进行系统的整理和分析，为进一步研究奠定基础；

第三，在分析当前煤矿安全绩效管理存在问题的基础上，提出基于可持续发展的大安全绩效发展观；

第四，在提出大安全绩效观的基础上，探索矿井安全绩效外部影响和矿井安全绩效内部实现；

第五，建立基于大安全绩效发展观的矿井安全绩效评价与控制模型，并加以运用。

二　结构安排

根据本书的写作思路，其具体内容和研究结构安排如下。

第一章为导论。本章首先分析了我国煤炭资源开发与经济发展的辩证关系，指出煤矿安全问题、生态问题以及由此带来的社会问题仍然是煤炭工业最突出、最需要解决的现实问题；其次对国内外关于安全绩效管理的研究现状进行分析与梳理，指出了研究中需要解决的问题和不足，提出了大安全绩效观即矿井安全绩效是一个由众多状态整合的概念，表现为经济绩效、生态绩效和社会绩效的协同性、持续性和发展性；最后介绍研究目的、研究思路、研究方法并形成了研究框架。

第二章为矿井安全绩效评价的理论基础。煤矿作为一个承载不同利益相关者诉求的平台，其发展目标在于维系这个平台的稳定和持续发展，矿井安全绩效就要体现在这个平台内各方利益的协同效应和内外稳定性。基于以上认识，本章在进行矿井安全绩效评价之前，给出了系统管理理论、利益相关者理论、社会责任理论和可持续发展理论的主要观点，目的是更好体现本研究的逻辑过程，为进一步深入研究提供理论依据。

第三章分析了矿井安绩效管理系统的特征，指出矿井安全绩效要素系统具有多重性特征；从经济、生态、社会三维角度建立了矿井安全绩效要素系统的要素体系；通过比较分析说明大安全绩效型矿井与传统煤矿在发展方式等方面存在着明显的差异，并给出大安全绩效型矿井的发展构架。

第四章是从经济学角度对矿井安全绩效外部影响进行探讨，指出矿井安全外部性产生原因、存在的问题以及对相关主体决策的影响要素；对矿井安全绩效形成进行博弈分析、对其表现进行福利分析、对其扭曲进行逆向分析，其分析结论对于国家制定调控政策具有参考价值，以更理性地关注煤矿的可持续问题和协调均衡问题。

第五章是以蒂斯（Teece，1992）的动态能力框架为逻辑基础，结合煤矿的生产特点并通过比较分析得出基于动态环境相匹配的企业组织特性、能力结构乃是形成矿井安全绩效的内在本质因素；构建出基于安全绩效的企业动态能力框架；明晰了组织特性、能力结构组成要素的相互逻辑关系，以及能力结构与安全绩效表现的因果关系；建立出组织特性、能力结构和安全绩效的关系模型。这对在变化环境中矿井安全绩效的内部实现机制具有一定的解释作用，为矿井安全绩效的评价提供分析依据。

第六章主要讨论矿井安全绩效的评价问题。界定评价内容、评价原则和评价方法，建立矿井安全绩效评价框架；根据煤矿生产特点，形成矿井安全绩效的评价指标体系；从经济、生态、社会三维角度建立起矿井安全绩效评价模型并进行应用分析，给出矿井安全效绩评价的应用与改善方向。

第七章研究矿井安全绩效的控制问题。明晰矿井安全绩效的控制目标，给出矿井安全绩效控制的基本程序，建立并讨论矿井安全绩效的控制改善模型与控制方法。

附录概括介绍系列企业可持续发展规范标准，包括：《联合国全球契约》、《全球沙利文原则》、《里约热内卢环境宣言》、《环境责任经济联盟原则》、SA8000、ISO26000、ICCR 全球公司责任准则等。

第二章　矿井安全绩效研究的理论基础

矿井安全绩效研究离不开大安全绩效观念的引导和理论的支撑，其引导和支撑主要包括系统管理理论、利益相关者理论、社会责任理论和可持续发展理论。本研究对矿井安全绩效所赋予的含义也是基于以上理论视野来考虑的，包括经济安全绩效、生态安全绩效和社会安全绩效。

第一节　系统管理理论

系统管理理论被认为是20世纪最伟大的成就之一，是人类认识史上的一次飞跃。主要代表人物是卡斯特（Fremont E. Kast）、约翰逊（Richard A. Johnson）、罗森茨韦格（James E. Rosenzweig），其代表作是《系统理论与管理》、《组织与管理——系统方法与权变方法》，由此建立了系统管理理论的基本框架，同时也奠定了他们在系统管理学派中的地位。系统管理学说的基础是普通系统论。系统管理理论思想要领，主要表现在三个方面。

1. 组织是由多个子系统组成的

组织作为一个开放的社会——技术系统，是由五个不同分系统构成的整体。这五个分系统包括：目标与价值分系统、技术分系统、社会心理分系统、组织结构分系统和管理分系统。这五个分系统之间既相互独立，又相互作用，不可分割，从而构成一个整体。这些系统还可以继续分为更小的子系统。

2. 企业是由人、物资、机器和其他资源在一定的目标下组成的一体化系统

企业成长和发展同时受到这些组成要素的影响。在这些要素的相互关系中，人是主体，其他要素则是被动的。管理人员需要保持各要素之间的动态平衡和相对稳定，并保持一定的连续性，以便适应情况的变化，达到预期目标。同时，企业还是社会这个大系统中的一个子系统，企业预定目标的实现，不仅取决于内部条件，还取决于企业外部条件，如资源、市场、社会技术水平、法律制度等，它只有在与外部条件的相互影响中才能达到动态平衡。

3. 运用系统观点来考察管理的基本职能，企业是一个投入—产出系统

企业投入的是物资、劳动力和各种信息，产出的是各种产品或服务。运用系统观点，可以使管理人员不至于只重视某些与自己有关的特殊职能而忽视了大目标，也不至于忽视自己在组织中的地位与作用，这可以提高组织的整体效率。

卡斯特和罗森茨韦格创立的系统管理理论，特别强调组织与环境之间的动态平衡，因此，他们对组织的变革问题也进行了较为深入的研究。卡斯特认为，稳定性和适应性对于组织的生存和发展都是必不可少的，企业管理者的责任是通过对实际情况的诊断分析和当前条件的调整，来使组织获得动态平衡。因此，组织变革应当满足以下四个方面的要求。一是足够的稳定性，以保证实现当前的组织目标，完成既定的组织任务；二是足够的持续性，以保证组织目标不断得到新的发展，管理方法不断得到新的改进；三是足够的适应性，以保证组织对社会环境所提出的要求和所提供的机遇以及组织内部各种因素的变化，做出适当的灵敏反应；四是足够的革新性，以保证组织不仅适应于目前，而且在将来条件发生变化时也富于改革的主动性。卡斯特在分析组织变革的动力来源时，恰如其分地运用了他建立的系统模型。他认为，环境、目标与价值、技术、结构、社会心理、管理等，都是组织变革的动力来源。

总之，系统管理理论为人们分析和处理各类组织的管理问题提供了一种很有意义的思想方法，不管是否承认卡斯特的个人贡献，都没有人能否认系统思想在管理学研究中的作用。这一点得到了许多西方管理学家的公认。西蒙指出："'系统'这个术语越来越多地被用来指那些特别适于解决复杂组织问题的科学分析方法。"孔茨断言："无论哪一部管理著作，也无论哪一个从事实务的主管人员，都不应忽视系统方法。"蒂利斯（S. Tilles）说："从某一局部来看管理，虽然存在着卓越的理论，但并不存在包括整个范围的综合理论，因此，作为方法来说系统理论是最有效的。"丘奇曼（C. W. Churchman）认为，系统方法是人类创造最有力的"分析机器"之一。美国组织理论家斯科特（W. G. Scott）称，系统管理理论是管理学的真正革命，并把它比作是从牛顿经典力学到爱因斯坦相对论的转变。运筹学家阿柯夫（R. L. Ackoff），甚至把"系统时代"的变化与文艺复兴时代、工业革命时代的变化相比拟。

现代经济社会高度综合发展，人类面临许多规模巨大、关系复杂、参数众多的复杂问题。矿井安全绩效系统就是由不同属性的各种子系统相互关联、相互作用、相互渗透而构成的复杂动态系统，矿井安全绩效系统（经济安全绩效、生态安全绩效和社会安全绩效）中的每一个子系统都是多因素、多结构、多变量的系统，可以继续分解成为下一级安全绩效子系统。各个安全绩效子系统之间都进行着非线性相互作用，每个子系统都不可能在不影响整体系统、其他子系统的情况下发生变化；各个子系统之间相互影响、相互制约，形成了一个具有多层次、多功能结构的庞大网络，在这个复杂网络结构中，任何局部的交互都是整个网络综合作用的结果，任何一个小小的突发事件都会引发整个矿井安全绩效系统的回应与反馈。当前矿井安全绩效系统的构成要素越来越多，结构越来越复杂，对这种动态的、多变量、高阶次、多回路和强非线性的具有复杂网络结构的反馈系统进行模拟分析和预测越来越困难，因此在现有复杂网络研究理论和实践的基础上针对复杂矿井安全绩效系统的高阶次、非线性、多重反馈性的虚拟复杂网络结构进行建模研究，探寻一种更为有效的反馈控制建模理论和方法，构建能够模拟安全绩效变量交互影响的宏观模型，找出影响系统运行的关键因素和变量以及系统的运行规律，对解决矿井安全绩效系统的规划、决策和控制问题具有重要的理论与现实意义。

第二节　利益相关者理论

利益相关者理论认为，企业是所有相关利益者缔结的一组契约。尤其重要的是，近年来一些学者认为，后代人和非人类物种也是企业的重要利益相关者。对利益相关者内涵分析与分类概括如表 2－1 和表 2－2 所示。

表 2－1　利益相关者定义综述

作　者	定　义
斯坦福大学研究所（1963）	利益相关者是这样一些团体，没有支持，组织就不能生存
雷恩曼（1964）	利益相关者依靠企业来实现个人目标，企业也依靠他们维持生存
阿斯赛特等（1971）	利益相关者是一个企业的参与者，他们被自己的利益和目标所驱动，因此必须依靠企业；而企业为了生存，也必须依靠利益相关者
弗里曼和瑞德（1983）	利益相关者能够影响一个组织目标的实现，或者他们自身受一个组织实现其目标过程的影响。另一定义：利益相关者是那些组织为实现其目标必须依赖的人

续表

作　者	定　义
弗里曼（1984）	利益相关者能够影响一个组织目标的实现或能够被组织实现目标过程所影响的人
弗里曼和吉尔波特（1987）	利益相关者能够影响一个组织目标的实现或能够被组织实现目标过程所影响的人
科奈尔和夏皮罗（1987）	利益相关者是那些与企业有合约关系的要求权人（claim-ants）
伊万和弗里曼（1988）	利益相关者在企业中有一笔“赌注”（stake），或者对该企业有要求权
伊万和弗里曼（1988）	利益相关者是那些人，他们因公司活动受益或受损，他们的权利因公司活动而受到尊重或受到侵犯
鲍威尔（1988）	没有他们的支持，企业将无法生存
阿尔卡法奇（1989）	利益相关者是那些公司对其负有责任的人
卡罗（1989）	利益相关者能以所有权或法律的名义对公司资产或财产行使收益和权利
弗里曼和伊曼（1990）	利益相关者是与企业有合约关系的人
汤普逊等人（1991）	利益相关者是和某个组织有关系的人
斯威齐等人（1991）	利益相关者的利益受组织活动的影响，并且他们也有能力影响组织的生活
黑尔和琼斯（1992）	利益相关者是那些团体，他们对企业有合法的要求权；他们通过一个交换关系的存在而建立起来，即他们向企业提供关键性资源，以换取其个人利益的满足
布瑞纳（1993）	利益相关者与某个组织有着合法的、长期的和稳定的关系，如交易活动、影响活力及道德责任
卡罗（1993）	利益相关者在企业中投入资产，构成一种或多种形式的“赌注”，通过这些“赌注”，他们也许影响企业的活动或受企业活动的影响
弗里曼（1994）	利益相关者是联合价值创造的人为过程的参与者
威克斯等人（1994）	利益相关者与公司相关联，并赋予公司以意义

续表

作　者	定　义
朗特雷（1994）	企业应对利益相关者的福利承担明显的责任；或者利益相关者对企业有道德上或法律上的要求权
斯塔瑞克（1993）	自然环境、人以外的生命物种以及后代人都应该是企业的重要利益相关者
克拉克森（1994）	利益相关者向企业投入一些实物资本、人力资本、金融资本或一些有意义的价值物，并因此而承担一些形式风险；或者说，他们因企业活动而承担风险
纳什（1995）	利益相关者适于企业有关系的人，他们使企业运营成为可能
布瑞纳（1995）	利益相关者即能够影响企业，又能够被企业活动所影响
道纳尔逊和普瑞斯顿（1995）	利益相关者是那些在公司活动过程中及活动本身有合法利益的人或团体
杰克波斯（1997）	因为环境和后代人没有呼声，所以在宏观层次和企业的决策中经常被忽略，应该明确环境和后代人也是重要的利益相关者
威勒和西兰帕（1998）	有些重要的利益相关者并不是通过"实际存在的具体人"和企业发生联系，比如自然环境、人类后代、非人类物种等

资料来源：Mitchell A. & Wood D. "Toward a Theory of Stakeholder Identification and Salience: Defining the Principle of Who and What Really Counts," *Academy of Management Review* 22 （1997）。

表 2－2　利益相关者分类

作　者	分类标准	类　别
弗里曼（1984）	所有权、经济依赖性、社会利益	对企业拥有所有权的利益相关者；与企业在经济上有依赖关系的利益相关者；与企业在社会利益上有关系的利益相关者
弗雷德里克（1988）	是否与企业发生市场交易关系	直接利益相关者和间接利益相关者

续表

作　者	分类标准	类　别
查克汉姆（1992）	是否存在交易性合同	契约型利益相关者和公众型的利益相关者
克拉克逊（1994）	相关群体在企业经营活动中承担的风险种类	自愿的利益相关者和非自愿的利益相关者
克拉克逊（1995）	相关群体与企业联系的紧密性	首要的利益相关者和次要的利益相关者
威　勒（1998）	与企业发生联系的社会性与紧密性	首要的社会性利益相关者；次要的社会性利益相关者；首要的非社会性利益相关者；次要的非社会性利益相关者
沃　克（2002）	对企业承诺的不同层次对其加以评估，按态度和行为的忠诚度	完全忠诚型利益相关者；易受影响型利益相关者；可保有型利益相关者；高风险型利益相关者
米切尔（1997）	权力性、合法性、紧急性	确定型利益相关者；预期型利益相关者；潜伏型利益相关者
科鲁克、斯文（2001）		
雷切尔（2004）		确定型利益相关者；非确定型利益相关者
万建华 李心合（1998）	利益相关者合作性与威胁性	支持型利益相关者、边缘型利益相关者、不支持型利益相关者和混合型利益相关者四种类型
陈宏辉（2003）	利益相关者的主动性、重要性和紧急性	核心利益相关者；蛰伏利益相关者；边缘利益相关者
贺红梅（2005）	企业生命周期特征、企业各阶段面临的危机和关键利益相关者的特征	关键利益相关者；非关键利益相关者；边缘利益相关者
吴　玲（2006）	资源基础理论、资源依赖理论	关键利益相关者；重要利益相关者；一般利益相关者；边缘利益相关者
郝桂敏（2007）	企业实力和企业需求	重要利益相关者；次要利益相关者；一般利益相关者

资料来源：郝云宏等：《企业经营绩效评价：基于利益相关者理论的研究》，经济管理出版社，2009。

综上分析，利益相关者包括企业的股东、债权人、雇员、消费者、供应商等交易伙伴，也包括政府部门、本地居民、本地社区、媒体、环保主义等压力集团，还包括自然环境、人类后代等受到企业经营活动直接或间接影响的客体。这些利益相关者与企业的生存和发展密切相关。他们有的分担了企业的经营风险，有的为企业的经营活动付出了代价，有的对企业进行监督和制约，企业的经营决策必须要考虑他们的利益或接受他们的约束。从这个意义讲，企业是一种智力和管理专业化投资的制度安排，企业的生存和发展依赖于企业对各利益相关者利益要求的回应质量，而不仅仅取决于股东。因此企业的发展目标应转变为战略管理，将所有者的目标与其他利益主体的目标结合起来，将企业的眼前利益与长远利益结合起来。将企业的经营策略与发展战略结合起来，并付诸企业的管理实际，实现以企业价值最大化的战略发展目标。矿井安全绩效评价体系应兼顾企业各利益相关者的目标要求，要充分考虑企业的经济绩效、生态绩效和社会绩效，实现企业各利益相关者共同利益的最大化。特别需要指出的是，利益相关者理论表明，企业的运营要满足各利益相关者的利益，但各自的利益需求或偏好是不同的，如何能充分、全面地满足各利益相关者的利益，是保证企业高效运营的关键。为此，矿井安全绩效评价指标体系要分别反映出不同利益相关者的期望和需求，设计出能够衡量不同利益相关者需要是否得到满足或平衡的评价系统，通过各种财务指标和非财务指标的设计和运用，最大限度地满足各利益相关者的需要。这一企业管理思想为其后的矿井安全绩效评价奠定了理论基础。

利益相关者理论的不断深化，要求传统的煤矿发展模式向和谐型煤矿转变，树立包括经济人、社会人、生态人在内的多重主体观念，综合考虑当代人利益相关者与后代人利益相关者之间的利益和谐，以及人类利益相关者与非人类物种利益相关者之间的利益和谐。

第三节 社会责任理论

企业社会责任理论认为，企业不应该仅仅追求经济利益，还应该关注社会责任。

国外学者对企业社会责任问题研究较早，W. C. Frederick（1960）认为生产的经济意义在于提高总体社会经济福利，公众期望社会的经济、人力资源能通过企业被运用于社会目的，而不是单纯追逐个人和企业狭隘的有限利益。J. W. Mcguire（1963）认为企业不仅承担经济和法律责任，同时还应承担超越这些义务的社会责任的观点，他更强调企业经营对政治、社会福利、教育等的必要关注。C. Walton（1967）在《企业社会责任》中提出社会责任能够使人们认识到企业和社会之间的密切关系,企业行为不仅影响他人，还可能影响整个社会系统。他强调当企业在追求经营目标时，管理者必须考虑到这种关系。卡罗尔（Carroll，1979）认为企业社会责任包括：经济责任、法律责任、伦理责任和自愿责任。阿波特和孟森（1979）认为企业社会责任的内容包括：环境问题、对雇员平等的机会、人力资源、社区参与、产品安全与质量、其他因素六个大类别，包括28种企业社会责任。沃提克和寇克兰（1985）把企业社会责任定义为：经济责任、法律责任、道德责任、其他责任，强调社会问题管理（social issue management）。伍德（1991，1995）进一步发展了卡罗尔的责任金字塔模型，伍德认为，企业的社会责任原则体系，社会回应过程，以及政策、规划和其他可见的结果，都与企业社会关系紧密联系。哈罗德·孔茨（1998）认为："企业的社会责任就是认真地考虑公司的一举一动对社会的影响。"詹姆斯·E. 波斯特（1998）认为："企业的社会责任意味着应该对其影响他人、社区和环境的行为负有责任。"世界可持续发展企业委员会（1998）

认为："企业社会责任是企业针对社会（既包括股东也包括其他利益相关者）的合乎道德的行为。"埃尔金顿（1998，2001）首次提出了"三重底线"（triple bottom line）的概念，认为企业必须同时满足经济繁荣、环境保护和社会福祉三方面的平衡发展，为社会创造持续发展的价值。

国际性组织对企业社会责任问题也作了系统研究。欧洲共同体委员会（2001）提出的定义是："在自愿的基础上，公司将社会和环境关系结合到公司经营和与利益相关方相互作用的过程中。"该定义是 Dahlsrud 调查的 37 种定义中使用频率最多的。这个定义包含了自愿维度、利益相关方维度、社会维度、环境维度和经济维度。它的包容性极强，在尊重企业商业经营逻辑的同时，鼓励企业在自愿的基础上，将社会、环境因素和利益相关方的意见嵌入商业运作中去。欧洲共同体委员会提出的另一个定义是："公司社会责任本质上是这样一个概念，即公司自愿决定为一个更好的社会和一个更清洁的环境作贡献。"该定义包含自愿维度、社会维度和环境维度，是一个相对集中的概念。世界可持续发展工商理事会在 2001 年提出的定义是："公司致力于为持续的经济发展作贡献，与雇员、他们的家庭、当地社区以及社会进行协作，以提高他们的生活质量。"该定义包含利益相关方维度、经济维度和社会维度。它对经济维度的强调更为明确，可持续经济发展是它的基本诉求，雇员等利益相关方是目标指向和实现途径。世界可持续发展工商理事会（2000）提出的另一个定义是："企业社会责任是企业承诺不断致力于行为上遵循道德，并在改善所有员工、他们家庭以及当地社区生活质量的同时，为经济发展作贡献。"该定义中将"承诺"引入，因此较之前者增加了自愿维度。商业社会责任组织（2000）提出的定义是："公司决策的制定遵守伦理价值，符合法律要求，并且尊重人、社区和环境。"该定义包含了自愿维度、利益相关方维度、社会维度、环境维度和经济维度。商业社会责任组织提出的另一个定义是：

“公司经营满足或者超过伦理、法律、商业和公众对于公司的期望。社会责任是公司在每一个商业领域运营都应遵循的指导原则。”这个定义包含自愿维度、利益相关方维度和经济维度。国际工商领袖论坛（2003）提出的定义是：“公司以伦理价值为基础，进行开放和透明的商业实践，并且尊重员工、社区和自然环境，这有助于可持续的商业成功作出贡献。”这一定义在中国具有广泛的影响力，并且也是一个包容性极强的定义。该定义是一个包含自愿、利益相关方、社会、环境和经济五个维度的综合定义。

国内学者与组织对企业社会责任也作了一定的研究。学术界对企业社会责任的界定还不是太多。比较有代表性的有以下几种，《中国企业管理年鉴》（1990 年）提出：企业社会责任是指企业为所处社会的全面和长远利益而必须关心、全力履行的责任和义务，表现为企业对社会的适应和发展的参与。企业社会责任的内容极为丰富，既有强制的法律责任，也有自觉的道义责任。袁家方（1990）认为，企业社会责任是企业在争取自身的生存与发展的同时，面对社会需要和各种社会问题，为维护国家、社会和人类的根本利益，必须承担的义务。台湾学者刘连煜（2001）认为，所谓企业社会责任，除了必须依照法律行事即企业遵守法律外，还必须实践“企业之伦理责任”及“自行裁量责任”。刘俊海（1999）认为，企业社会责任是指企业不能仅仅以最大限度为股东盈利或赚钱作为自己存在的唯一目的，而应当最大限度地增加股东利益之外的其他所有利益相关方的利益。卢代富（2002）认为，所谓企业社会责任，乃指企业在谋求股东利润最大化之外所负有的维护和增进社会利益的义务。屈晓华（2003）认为，企业社会责任是指企业通过企业制度和企业行为所体现的对员工、商务伙伴、客户（消费者）、社区、国家履行的各种积极义务和责任，是企业对市场和相关利益群体的一种良性反应，也是企业经营目标的综合指标。它既有法律、行政等方面的强制义务，也有道德方面的自愿行为，包括企业的经济责任、企业的法律责任、企业的生态责任、企业的伦理责任、企业的文化责任。张彦宁（2004）认为，企业社会责任广义地讲包括社会的经济责任、社会的道义责任、社会的公德及对整个社会的影响。其具体内容包括职工安全卫生、劳动条件、工资报酬、工作时间、禁用童工、禁止性别歧视、保障人权以及环境保护等。林军（2004）认为，企业社会责任是从整个社会出发考虑整个企业对社会的影响及社会对企业行为的期望与要求。高尚全（2004）认为，企业对社会的责任有两类：第一类是基础责任，就是立足于企业的发展；第二类责任是企业在承担基础责任的过程中，必然产生的外部性问题，应通过制度来实现责任的最优分担。周祖城（2005）认为，企业社会责任是指企业应该承担的、以利益相关者为对象包含经济责任、法律责任和道德责任在内的一种综合责任。惠宁和霍丽（2005）认为，企业社会责任就是指企业在为股东谋取最大利润的同时，要充分考虑利益相关方的利益。刘长喜（2005）认为，企业社会责任是指企业对包括股东在内的利益相关方的综合性社会契约责任，这种综合性社会契约责任包括企业经济责任、企业法律责任、企业伦理责任和企业慈善责任。温素彬（2006）认为，企业社会责任应包括经济责任、生态责任和社会责任。于东智（2011）认为，企业社会责任就是企业在生产经营过程中要对经济和环境目标进行综合考虑，在对股东负责、获取经济利益的同时，主动承担对其他利益相关方的责任，主要涉及员工权益保护、环境保护、商业道德、社会公益等问题；这些责任是建立在自愿的基础之上，高于相关法律的要求，有利于保证企业的生产经营活动，对社会产生积极影响，对人类的可持续发展作出贡献。中国劳动科学研究所课题组定义的企业社会责任，是指企业在为股东谋取最大利润的同时，应当充分考虑利益关系人的利益。该定义包含两层含义：第一，企业必须尽力为股东创造最大利润，这是企业经营的职责；第二，企业应当考虑利益关系人的利益。中国也有一些机构提出了自己的社会责任定义，并制定了相关准则。

企业的社会责任理论为煤矿的发展目标从单一经济绩效观向大安全绩效观的转变提供了理论依据。

第四节 可持续发展理论

20 世纪 70～80 年代，一系列有关经济、环境可持续发展的文章，引起国际社会的关注。1987 年，在世界环境发展大会上，布伦特兰夫人在《我们共同的未来》中正式提出了可持续发展的概念："既满足当代人的需求，又不对后代人满足自身需求的能力构成危害的发展"。这一概念的提出，标志着可持续理论的产生（牛文元，1994）。

一 可持续发展的理性分析

可持续发展是一种从环境和自然资源角度提出的关于人类发展的战略和模式，它特别强调环境资源的长期承载对发展的重要性以及发展对改善生活质量的重要性。一方面可持续发展的概念从理论上结束了长期以来经济发展同环境与资源相对立的错误观点，指出了它们之间相互影响，互为因果的内在联系。另一方面可持续发展是一个涉及经济、社会、文化、技术以及自然环境的综合概念，是经济、社会、生产三者互相影响的综合体，是自然资源与生态环境的可持续发展、经济的可持续发展、社会的可持续发展的总称。实现可持续发展的前提条件是保证自然生态财富（即生态资本存量）的非减性，承认自然环境承载力的有限性，遵循生态环境系统所固有的规律。此外，我们还必须明确可持续发展不仅涉及当代人或一国的人口、资源、环境与发展的协调，还涉及与后代人或国家和地区之间的人口、资源、环境与发展之间的矛盾和冲突。

1. 可持续发展的基本含义

全面理解和认识可持续发展的本质含义需要从以下几个方面着手。

（1）可持续发展的核心问题是整个人类社会的资源、环境与发展的协调。可持续发展是一种从自然资源持续利用和环境保护角度提出的关于人类经济社会长期发展的战略模式。所以，可持续发展在地域上表现为不同国家或地区人群间资源分配和社会公平协调问题；在时间上表现为当代人的福利与后代人的福利协调问题。

（2）可持续发展的基础是多元的。其生态基础是整个生态系统功能的永续性，具体包括自然资源利用的持续性、适宜环境条件的永久性和生物物种的多样性；其经济基础是通过一定的经济增长，保持和提高人类的生活水平和生活质量；其社会基础是保持社会文化的多样性。

（3）可持续发展的目标是实现人类经济发展、社会进步和环境保护的有机统一，通过实施可持续发展战略，转变经济增长方式和质量，在生态系统可容纳范围内，保持一定的经济增长，使人类生活质量能够不断提高；同时，实现自然资源和社会财富在地域、时空上的公平分配，推动整个人类社会的全面进步。

（4）可持续发展的基本内容在不断扩展。目前，自然资源和环境可持续发展、经济可持续发展和社会可持续发展已经构成现代可持续发展体系的基本内容。

2. 可持续发展遵循的原则

可持续发展作为一种新的发展理念，其目标的实现不但要求体现在以资源利用和环境保护为主的环境生活领域，更要求体现在作为发展源头的经济生活和社会生活中，实施可持续发展战略，需要遵循以下原则。

（1）公平性原则。可持续发展强调公平是发展可以长期持续的保证。它包括：第一，同代人的公平：贫富悬殊、两极分化的社会是不可能实现持续发展的。因此，公平的分配和公平的发展权、消除贫困是可持续发展中特别优先的问题。第二，代与代之间的公平：强调当代人在利用环境和资源时，必须考虑给后代人留下生存和发展的必要资本。当代人不能为自己的发展和需要而损害人类世世代代需求的自然资源和环境。第三，公平分配有限资源。

（2）持续性原则。可持续发展要满足人类的需求，而需求的满足并不是没有限制的。最主要的限制是人类赖以生存的物质基础，即自然资源和环境。人类和社会发展不能超越资源与环境承载能力。

（3）共同性原则。虽然不同国家或地区，历史、文化和发展水平存有差异，可持续发展的水平和实施步骤也不相同，但是可持续发展所体现的公平性和持续性原则是共同的，而且实现可持续发展，必须采取共同的联合行动。

（4）需求性原则。可持续发展坚持公平性和长期的可持续性，要满足所有人的需求，向所有人提供实现美好生活愿望的机会。

可持续发展的前提是发展，只有发展是积极的行为，才能解决人类面临的各种危机。对发展中国家而言，造成生态环境恶化的根源是贫穷，只有发展，才能提高生活水平，才能为解决生态危机提供必要的物质基础。

可持续发展的核心是可持续，当代人要充分尊重后代人的永续利用资源和生态环境的平等权利。可持续发展强调要以保护自然为基础，强调在发展经济的同时必须保护环境，特别是在经济快速增长的情况下，强化资源和环境的保护。同时，可持续发展以改善和提高人类的生活质量为目的，要求发展和社会的进步相一致，强调的是整体性、协调性和综合性。

二　资源配置、环境保护与可持续发展

对于资源来说，可持续发展体现在资源在近期与远期之间的配置，体现在资源在当代人和后代人之间的配置方面。在可持续发展的体系中，自然资源是生命赖以存在的基础，也是经济活动最原始的物质来源。对于不同的资源种类，应根据其特点，采取最优策略，才能保持自然资源的永续利用。而任何一种自然资源都离不开其环境支持体系，环境质量的优劣是自然资源经济价值发挥与否的前提。人类生产活动必然要开发资源，影响环境。因此，资源、环境与可持续发展的关系就可以做如下的分析。

1. 合理利用自然资源是可持续发展的基础

人类面临的最大挑战之一就是如何按照时间的推移有效地管理和充分利用地球上的各种资源。如果不考虑人类的长远发展，毫无顾忌地开采地球上现有的资源，不断减少不可再生资源的储量，使可再生资源的消耗超过再生的速度，就会造成资源枯竭。最大限度地资源开发虽然可以增加当代人的经济福利，但最终将会导致人类文明的迅速毁灭。因此，为了人类文明的延续，就必须采取资源的可持续利用模式。

2. 大力保护环境是可持续发展的关键

自然生态环境的严重破坏使人类可获取的资源数量不断减少，质量不断下降，生活环境质量不断恶化。21 世纪以来，环境污染的范围和程度仍旧以加速度在扩大和加深，尤其是发展中国家，这给社会各阶层的人们造成了种种不利影响，直接威胁着当前人类的整体利益，而且随时可能引发整个生态环境系统崩溃的突发性环境污染灾难。从发达国家经济发展的历程上看，受环境意识和经济、科技条件等因素的影响，在环境保护和经济发展关系的处理上，基本上是走了一条“先污染，后治理”的弯路。长期积累的环境污染问题到了一定阶段成为经济发展的限制性因素，不得不投入大量的人力、物力、财力来加以治理。而且，有

些环境污染和破坏代价即使投入再大的精力也是无法弥补的。因此，环境保护是全球范围实现可持续发展的关键。不论是发达国家，还是发展中国家，离开了环境保护，不能为发展提供一个可以持续利用的资源环境基础，可持续发展就是一句空话。21 世纪人类应该共同追求的是以人为本位的“自然—经济—社会”复合系统的持续、稳定、健康发展（王革华，2005）。

可持续发展战略是当前世界各国共同的战略选择。从利益主体来看，可持续发展反映了人与自然之间、当代人之间、当代人与后代人之间的平等、和谐的利益关系。从利益内容来看，可持续发展反映了经济、社会、生态之间的平衡协调的利益关系。从发展的形式来看，一方面可持续发展反映了发展在空间维度（人与人之间、人与自然之间）的公平性；另一方面可持续发展反映了发展在时间维度（当代人之间、当代人与后代人之间）的持续性。从发展的机制来看，可持续发展反映了经济、社会、生态之间静态平衡与动态协调相结合的发展机制，即经济、社会、生态三者在空间上相互依存，在时间上又相互作用、相互促进的发展机制。从实现方式来看，由于可持续发展是一种理想的发展模式，它同时涉及“代内公平”和“代际公平”，所以，仅仅依靠当代人的自觉行动是不可能实现的，必须按照可持续发展的要求，建立一套用来规范当代人行为的制度和约束机制，才能使可持续发展得以实现。因此，必须实施大安全绩效观，建立基于可持续发展的和谐型煤矿管理模式，努力实现安全绩效、生态绩效和社会绩效的协调，为煤炭工业可持续发展战略的实施奠定良好的微观基础。

第三章　矿井安全绩效要素系统

矿井安全绩效范畴广泛，影响因素众多，有员工因素、生产因素、技术与管理因素，还有政策的、制度的、经济的、社会的、环境的因素等。可见，矿井安全绩效不仅涉及企业内部系统，还和企业所处的生态环境和社会环境有关。矿井安全绩效要素系统是一个由多种因素相互作用、相互依存构成的复杂系统。本章分析了矿井安全绩效要素系统的特征，从经济、生态、社会三个维度建立了矿井安全绩效要素系统的要素体系，给出了大安全绩效型矿井的发展思路与框架。

第一节　矿井安全绩效要素系统的特征

作为一个复杂系统，矿井安全绩效要素系统同样具有复杂性、协同性、不确定性等特征。因此矿井安全绩效要素系统的管理要注重非线性思维、相互合作文化，强调有效协同，以诱导期望绩效的产生。下面针对矿井安全绩效要素系统的复杂性和协同性特征作进一步分析研究。

一　复杂性

从系统的构成和形式及系统的动态运行上来看，矿井安全绩效要素系统不同于一般的绩效管理系统，它具有一般的组织绩效管理系统无法比拟的复杂性特征（林爱芳、魏建平，2005；张光明、宁宣熙，2004)。

1. 身份多重性

矿井安全绩效要素系统体现了现代煤矿的经济功能、社会功能、生态功能，使现代煤矿成为“经济社会生态人”，正确反映了现代企业的本质。

2. 资本多重性

矿井安全绩效要素系统要求煤矿在重视传统的财务资本的同时，还要关注人类的资本（如人力资本、知识资本等)、社会的资本（如诚信、合作、社区和谐等）以及生态的资本（如自然资源和环境等)。

3. 目标多重性

矿井安全绩效要素系统要求煤矿从传统的单一的“利润最大化”财务目标转向经济、社会、生态的“多重盈余”绩效目标，实现财务目标和非财务目标的有效统一。

4. 内容多重性

矿井安全绩效要素系统包括经济、社会、生态三个子系统，因此绩效评价也包括经济、社会、生态等多重内容。

5. 公平多重性

矿井安全绩效要素系统体现了可持续发展条件下煤矿的利益相关者之间的平等关系，要求煤矿不仅要维持代内公平，而且要注重代际公平，还要注重人类与非人类物种之间的公平。

从绩效考核的复杂性来看，与一般组织绩效管理系统相比，矿井安全绩效要素系统考核的规模、层次、维度和多样性等方面都要更加庞大和复杂。矿井安全绩效要素系统通过对绩效管理过程的物流、人员流、信息流和决策流进行有效的控制和协调，对相关各成员分（子）系统进行有效的绩效考核和监控，将各成员系统有机地整合起来，进行集成管理，达到全局动态最优目标，实现经济绩效、生态绩效和社会绩效的统一，以适应在新的竞争环境下市场对煤矿提出的可持续发展要求。

此外，矿井安全绩效要素系统的复杂性还体现在“蝴蝶效应”随时可能会在整个系统内扩散和充满不确定性，影响经济的发展和社会的稳定。

二　协同性

理论上而言，存在两个或以上分（子）系统都具有协同性，无疑矿井安全绩效要素系统也不例外（何怀平，2006）。而且矿井安全绩效要素系统由于比一般组织绩效管理系统更具多重性，因此它更需要协同、也更具有明显的协同性。

1. 协同的必要性

矿井安全绩效要素系统并非由几个不相关分（子）系统的简单相加，而是作为一个整体组织系统而存在，矿井安全绩效要素系统有共同的利益追求和共同的战略目标：经济绩效、生态绩效和社会绩效的协同发展。为了实现共同目标，客观上也要求其内部成员分（子）系统在各项绩效管理业务活动中协同运作，形成整体优势，实现矿井安全绩效要素系统的整体层次的协同效应。

从现代管理角度来说，矿井安全绩效要素系统本身就是一种协同人们行为的组织，它要求人们在分工的基础上，对组织系统内外各个成员分（子）系统的力量之和进行高倍放大，从而实现整个大系统的低投入、高产出。现代管理追求的是整体效益最优是矿井安全绩效要素系统存在的重要原因。系统的整体性原理告诉我们，矿井安全绩效要素系统的整体协同能力不等于各个内部成员分（子）系统能力的简单相加，而是内外整体效应的协同发展，只有整体协同才能具有较好的组织整体绩效。

在社会化分工日益专业化的今天，协同对于矿井安全绩效要素系统整体的成功运作至关重要，对于所研究的矿井安全绩效要素系统来说，能否对矿井安全绩效要素系统内外、各维度绩效管理系统的绩效管理活动进行有效的协同，关系矿井安全绩效要素系统整体运作的成功。

矿井安全绩效要素系统通过协同，一方面使各个内部分（子）系统生产活动能够相互补充，从而对组织整体目标的实现做出最大贡献；另一方面使组织高度专业化分工的各成员分（子）系统和外部环境整合成一个有机的整体，这不仅仅是成员分（子）系统之间的简单集合。为了完成矿井安全绩效要素系统目标而开展的一系列绩效管理活动，有的绩效管理活动之间存在着序列相关的关系，有的绩效管理活动之间是一种交互依赖关系，而有的绩效管理活动之间需要共享资源。因此，不管是序列相关、交互依赖还是共享资源，都需要及时有效地组织协同，才能使矿井安全绩效要素系统的所有活动紧密围绕其目标开展，才能使组织整体的绩效得以有效提高，从而实现煤矿经济绩效、生态绩效和社会绩效三重绩效的高度统一性。

2. 协同的可能性

矿井安全绩效要素系统自组织协同的可能性表现在以下这样几个方面。

（1）矿井安全绩效要素系统整体目标的实现需要协同。矿井安全绩效要素系统自组织协同是把系统内各个分（子）系统的绩效管理活动协调一致，组成统一的整体，使各分（子）系统的绩效管理活动成为整体系统活动的一个环节，以保证整个矿井安全有序运转。协同是矿井安全绩效要素系统得以存在和发展的必要手段，矿井安全绩效要素系统如果缺乏有效的协同过程，各分（子）系统各行其是，各自追求自身利益，必然使矿井安全绩效要素系统处于一种无序的松散状态，很有可能出现煤矿自身发展了，周边环境破坏了，社会不和谐了。协同是实现矿井安全绩效要素系统目标的基本手段，对于矿井安全绩效要素系统来讲，要实现组织整体战略目标，必须在进行整体目标分解的同时，使分（子）系统协调一致，服从统一的指挥，围绕着整体目标的实现展开各种活动。没有协同，就没有矿井安全绩效要素系统整体目标实现的可能，也就没有较好的组织整体绩效，更无从谈起可持续发展优势。

（2）矿井安全绩效要素系统内部资源整合需要协同。矿井安全绩效要素系统内的人才、管理技术、资金、信息等共有资源是产生内部协同的主要因素，但这些共有资源的供给是有限的，是一种稀缺资源。因此，矿井安全绩效要素系统中的成员系统经常为了自身生存发展、实现本系统的局部目标而展开对共有资源的竞争。矿井安全绩效要素系统内部各成员系统由于在共有资源的利用上存在这样、那样的冲突，因此矿井安全绩效要素系统制定对策，并极力协同成员分系统的行动，以保证组织整体战略目标的实现。

（3）整个经济社会的发展给矿井安全绩效要素系统的内外协同创造了条件。科学发展已是我国经济发展的内在要求和主旋律，谋求经济、社会和自然环境的协调发展与追求人和自然、人和人之间的和谐已是和谐社会的重要内容。我国煤炭行业要全面树立大安全绩效观，实现矿井的经济绩效、生态绩效与社会绩效的协调发展乃大势所趋。

3. 协同的动态性

在矿井安全绩效要素系统中，环境是不断变化的，绩效要素也是随之不断变化的。因此多维度矿井安全绩效管理的方式与方法也应是动态变化的，以充分体现多维度组织结构下绩效管理的公平性、公正性、动态性和应变性。

总之，矿井安全绩效要素系统内外环境的复杂性增加了系统协同、整合的难度，增大了矿井安全绩效要素系统的震动，造成各分（子）系统在获得系统内部各种资源、信息等方面的不平衡。但从另一方面理解也有利于矿井安全绩效要素系统自组织发展。正是这种震动和协同的相互联系和相互作用，使矿井安全绩效要素这个复杂的系统能够摆脱传统的机械式的稳定结构，演变成一个能对外部环境做出反应的有机体，促进矿井安全绩效各分（子）系统（经济绩效、生态绩效与社会绩效）的协同科学发展。

三　整体性

整体性指矿井安全绩效要素系统内要素之间相互关系及要素与系统之间的关系以整体为主进行协调，局部服从整体，使整体效果为最优。

（1）管理者面对矿井安全绩效要素系统，任何管理都必须从系统的观点出发，具体分析系统的对立统一及其联系。这就是具体问题具体分析的观点，而核心问题就是分析系统之矛盾的两个方面，它们是如何联系，如何作用，如何统一，形成怎样的功能。只有对管理系统的具体分析和深刻了解，我们才能掌握整体性原理对矿井安全绩效要素系统进行有效的管理。

（2）矿井安全绩效各分（子）系统（经济绩效、生态绩效与社会绩效）都有目的，大系统有大系统的目的，分（子）系统有分（子）系统的目的，而在整体目的和分（子）系统目的之间，整体目的高于分（子）系统目的，分（子）系统的目的必须服从整体的目的。也就是局部服从整体，部分服从全局的观点，如果不是这样，整体的目的就要受到影响从而导致管理的失败、经济社会的不稳定、不持续。

（3）矿井安全绩效各分（子）系统（经济绩效、生态绩效与社会绩效）都有一定的功能，对系统功能来说，必须服从系统论的规律，那就是“整体不见得大于（也可能等于或小于）部分之和”，只有寻求整体功能最佳（大于部分之和）的矿井安全绩效管理才是最优管理。当然，系统的整体功能建立在单元系统（或要素）的功能上，只有合理的单元功能并且经过合理的组织协调，才能发挥最大的整体功能，这种规律在各个领域中都是普遍存在的。矿井安全绩效管理必须从整体功能出发去寻求最优，不能只见树木、不见森林，头痛医头、脚痛医脚，煤炭工业要健康持续发展。

第二节 矿井安全绩效要素系统的构成

就国内外研究的现状看，矿井安全绩效要素系统的要素构成研究主要集中在对矿井生产的安全研究上，缺乏生态环境、社会环境影响的因素。笔者结合已有的研究成果和已对矿井安全绩效内涵的界定，可以得出，矿井安全绩效要素系统是一个多指标的复杂系统，是一个“经济人＋社会人＋生态人”的复合系统，具有多重价值、多重目标、多重绩效，其要素构成是由若干层次不同影响方面的多个因素构成，形成具有递阶层次结构的要素组成体系。反过来来理解，这种有机联系相互影响的多维度多层次要素构成，在其正常伦理环境下也必然形成一个“经济绩效、生态绩效和社会绩效”相互协和促进的矿井安全绩效要素系统。近年来快速发展起来的社会责任型投资证实了企业承担的生态社会责任与经济绩效之间的正相关关系。良好的矿井经济绩效促进了矿井生态绩效与社会绩效的持续提高，同时良好的矿井生态绩效与社会绩效扩展了企业外部友好现象，与此又推动了矿井经济绩效的提高。

为了对矿井安全绩效要素系统的要素构成有一个更为深入的整体性认识，同时也便于体现和分析矿井安全绩效要素系统内外部各部分之间的关系，在前述分析研究的基础上，按经济绩效、生态绩效和社会绩效三个子系统来分析矿井安全绩效要素系统的要素构成（见图3－1）。

一 矿井经济绩效子系统的要素构成

矿井经济绩效子系统是企业运行的微观基础，是矿井安全绩效管理活动的主体，也是矿井安全绩效最重要的影响因素。本书从增值能力、盈利能力、偿债能力、资产营运能力、现金流量五个方面考虑经济绩效子系统的要素构成（见图3－2）（温素彬、薛恒新，2005）。

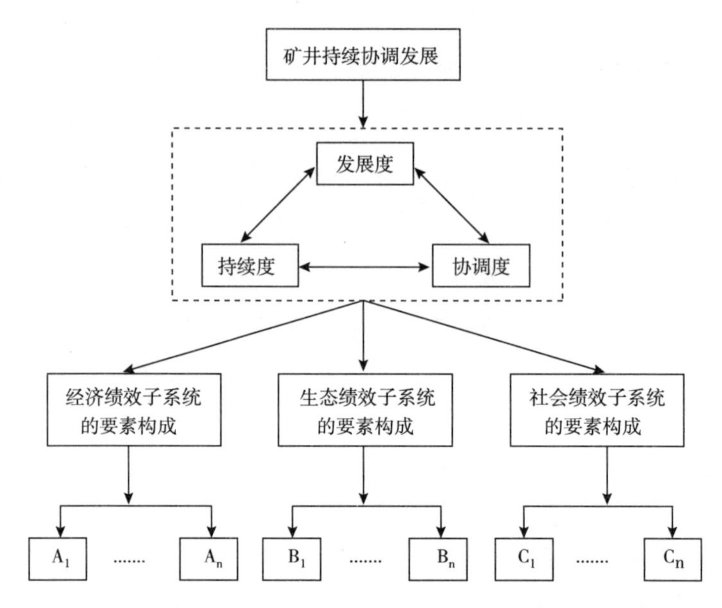

图 3-1　矿井安全绩效要素系统的构成

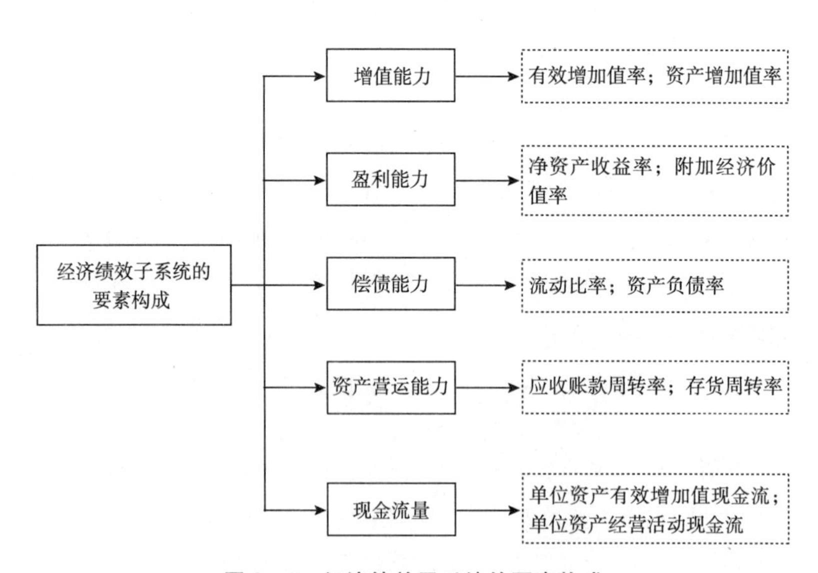

图 3-2　经济绩效子系统的要素构成

1. 增值能力

主要包括：有效增加值率、资产增加值率。

有效增加值率是有效增加值与企业收入之比，表明企业实现增值的程度。

资产增加值率是有效增加值与企业资产总值之比，表明企业利用现有资产创造增加值的能力。其中，年资产平均余额根据月初、月末资料运用序时平均数的首尾折半法计算。

$$\text{年资产平均余额} = \left(\frac{\text{年初总资产}}{2} + \sum_{i=1}^{11} \text{第}\, n\, \text{月月末总资产} + \frac{\text{年末总资产}}{2}\right) / 12$$

2. 盈利能力

主要包括：净资产收益率、附加经济价值率。

净资产收益率又称权益净利率。净资产收益率是净利润与平均净资产的百分比。

净资产收益率反映了企业所有者权益的投资报酬率。由于债权的资金虽然在一定时期内使用，但期满后仍需偿还。企业的投资报酬无论多少，最终都要归所有者拥有，所以从投资者角度，净资产收益率具有很强的现实性。

该指标是衡量企业盈利能力的主要核心指标之一。

附加经济价值率是经济增加值（EVA）与企业收入之比，表明附加经济价值的创造程度。

3. 偿债能力

主要包括：流动比率、资产负债率。

流动比率指的是流动资产与负债的比率关系，也称营运资本比率，是分析企业流动状况、评价短期偿债能力最常用的指标。

由于流动资产由不同项目构成，不同项目的流动资产其变现能力不同，质量差别较大，过高的流动比率可能是由于过多的存货，或过多的资金用于流动资产，甚至存货成本的计算方法也会影响流动比率的计算，所以流动比率存在一定的局限性

资产负债率，又称负债比率，是企业的负债总额与资产总额

间的比例关系。

企业的资金是由负债和所有者权益构成的，因此，资产总额应该大于负债总额，资产负债率应该小于1。如果企业的资产负债率大于1，说明企业资不抵债，如果企业的资产负债率较低（50%以下）则说明企业有较好的偿债能力和负债经营能力。

4. 资产运营能力

主要包括：应收账款周转率、存货周转率。

应收账款周转率 = 年赊销收入净额/年应收账款平均余额，反映企业应收账款的周转速度。年应收账款平均余额采用加权平均法计算。

$$\text{年应收账款平均余额} = \frac{\sum(\text{一年内应收账款金额} \times \text{该项应收账账龄})}{\sum \text{各项应收账账龄}}$$

存货周转率 = 年销售成本/年存货平均余额，反映企业流动资产的周转速度。

年存货平均余额采用加权平均法计算。

$$\text{年存货平均余额} = \frac{\sum(\text{一年内某项存货金额} \times \text{该项存货占用天数})}{\sum \text{各项存货占用天数}}$$

5. 现金流量

主要包括：单位资产有效增加值现金流、单位资产经营活动现金流。其中单位资产有效增加值现金流是有效增加值现金流与资产总值之比，有效增加值现金流是指按收付实现制核算的有效增加值；单位资产经营活动现金流是经营活动现金流量与年资产平均余额的比值。反映了资金的经营效率。

二　生态环境子系统的要素构成

如前所述煤矿周边生态环境的恶化和资源的粗放式开采与利用直接关联，它是企业、社会、经济可持续发展的主要障碍，这也正是全面实施大安全绩效观的一个主要动因。要清楚地揭示矿井安全绩效的形成机理，确保生态服务、生态环境质量的提高，必须细化生态环境子系统的要素构成。概括全国永续性报告协会（GRI）、世界可持续发展工商理事会（WBCSD）、世界资源研究会（WRI），以及环境绩效评价标准（ISO14031）的思路和方法，考虑到煤矿生产的特点，本书从能源利用、资源利用、排放物量、气候状况、植被状况、供应商、煤质状况、生态策划等八个方面考虑生态环境子系统的要素构成（见图3－3）（台湾“经济部”工业局，2002）。

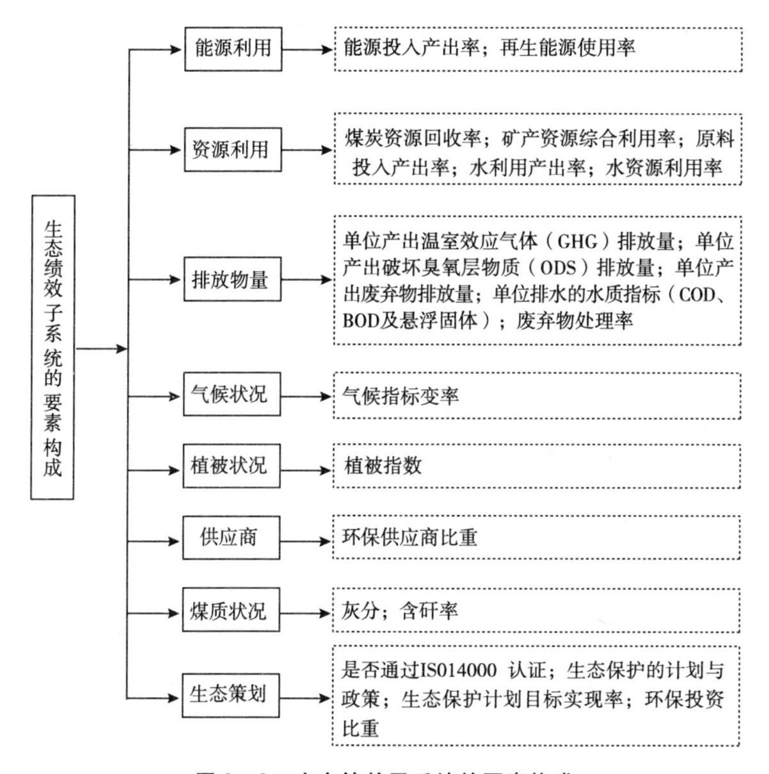

图3－3　生态绩效子系统的要素构成

1. 能源利用方面

主要包括：能源投入产出率、再生能源使用率。

能源投入产出率＝（有效增加量/能源使用总量）×100%

再生能源使用率＝（再生能源使用量/能源使用总量）×100%

2. 资源利用方面

主要包括：煤炭资源回收率、矿产资源综合利用率、原料投入产出率、水利用产出率和水资源利用率。

煤炭资源回收率 =（矿井可采储量/矿井工业储量）×100%

矿产资源综合利用率是反映煤矿利用伴生矿物、矿井瓦斯、煤矸石等测度指标。

原料投入产出率 =（有效增加值/材料投入总量）×100%

水利用产出率 =（有效增加值/水利用总量）×100%

水资源利用率 =（水利用总量/水资源占有量）×100%

3. 排放物量方面

主要包括：单位产出温室效应气体（GHG）排放量、单位产出破坏臭氧层物质（ODS）排放量、单位产出废弃物排放量、单位排水的水质指标（COD、BOD 及悬浮固体）、废弃物处理率。

单位产出温室效应气体(GHG)排放量 =（GHG 排放量/有效增加量）×100%

按照《京都议定书》的定义，温室效应气体（GHG）排放包括生产工艺过程和废弃物处理过程中排放的二氧化碳（CO_2）、甲烷（CH_4）、氧化亚氮（N_20）、氢氟碳化物（HFCs）、全氟化碳（PFCs）、六氟化硫（SF_6）等，通常以 CO_2 当量吨数表示。

单位产出破坏臭氧层物质(ODS)排放量 =（ODS 排放量/有效增加量）×100%

《蒙特利尔条约》中列出了对臭氧层有影响的一组气体，描述了它们的影响力。破坏臭氧层物质（ODS）排放量通常以每 CFC－11 当量吨数表示。

单位产出废弃物排放量 =（废弃物排放量/有效增加量）×100%

废弃物包括废气、废水和固体废弃物。

单位排水的水质指标(COD、BOD 及悬浮固体)
=（COD 或 BOD 总量/排水总量）×100%

废弃物处理率=(废弃物处理量/废弃物排放总量)×100%

4. 气候状况方面

主要包括：气候指标变率。

气候指标变率用来反映研究区域的气候状况，可用气温和降水量的年变率来表示，其表达式如下：

$$c_1 = \frac{|t_i - \bar{t}|}{t_i}, \quad c_2 = \frac{|R_i - \bar{R}|}{R_i}$$

式中：c_1、c_2分别为研究矿井平均气温与年降雨量的年变率；t_i、R_i分别为第i年的年平均气温与降雨总量；$\bar{t}$、$\bar{R}$分别为研究矿井平均气温与年降雨量的平均值。

5. 植被状况方面

主要包括：植被指数。

植被指数是用遥感监测地面植物生长和分布的一种方法，它反映了地表面的覆盖状况。当遥感器测量地面反射光谱时，不仅测得地面植物的反射光谱，还测得土壤的反射光谱。当光照射在植物上时，近红外波段的光大部分被植物反射回来，可见光波段的光则大部分被植物吸收，通过对近红外和红光波段反射率的线性或非线性组合，可以消除土地光谱的影响，得到的特征指数称为植被指数。植被指数的计算方法很多，应用最广泛的是归一化植被指数（NDVI)，其具体表达式为：

$$NDVI = \frac{(NIR - RED)}{(NIR + RED)}$$

式中：NIR表示近红外波段反射率；RED表示红光波段反射率。

6. 供应商方面

主要包括：环保供应商比重。

环保供应商比重=(环保供应商业务额/供应商业务总额)×100%

7. 煤质状况方面

主要包括：灰分、含矸率。

灰分是煤完全燃烧后剩余的残渣。

含矸率是矸石量（大于50毫米）占煤的百分率。

8. 生态策划方面

主要包括：是否通过ISO14000（国际环境管理体系）认证、生态保护的计划与政策、生态保护计划目标实现率、环保投资比重。

生态保护的计划和政策采用利益相关者打分法加以量化。

$$\text{生态保护计划目标实现率}=\frac{\text{生态保护计划项目完成数}}{\text{生态保护计划项目总数}}\times 100\%$$

$$\text{环保投资比重}=(\text{环保投资额}/\text{投资总额})\times 100\%$$

三　社会绩效子系统的要素构成

对社会绩效子系统的要素分析与评价，主要是对企业的社会责任能力和效果进行分析与评价。Carroll（1991）的金字塔模型是最为经典也被广为接受的分析与评价理论（见图3－4）。

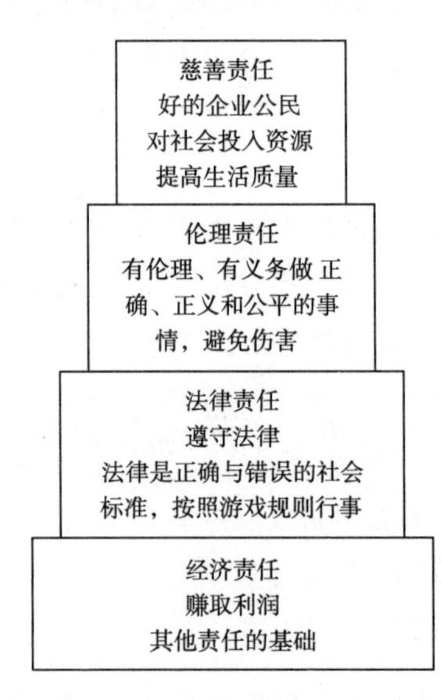

图3－4　企业社会责任金字塔模型

资料来源：Carroll，Archie B.，“The Pyramid of Corporate Social Responsibility：Toward the Moral Management of Organizational Stakeholders，” *Business Horizons*，34（1991）：42。

《全球契约》涉及四个方面，分别从人权方面、劳工标准、环境方面、反腐败方面对社会的责任能力和效果进行分析与评价。全球永续性报告协会（GRI）把企业社会责任划分为工作劳动、人权、社会、产品责任等项目。社会责任标准（SA8000）由童工、强迫劳动、健康与安全、结社自由及集体谈判权利、歧视、惩戒性措施、工作时间、工资报酬、管理体系九个要素组成。国际标准化组织（ISO26000）将社会责任归纳为公司治理、人权、劳工、环境、公平运营实践、消费者问题以及对社会发展作贡献七个核心方面。

矿井安全绩效在社会环境方面的影响效果，反映了社会对企业的认同与偏好程度。所以笔者从工作劳动就业、社会影响、产品责任三个方面来分析社会绩效子系统的要素构成（见图3－5）。

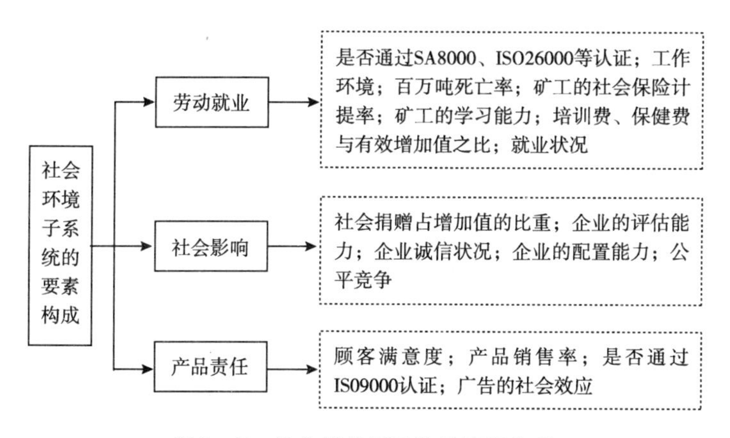

图3－5　社会绩效子系统的要素构成

四　矿井安全绩效系统要素间的关系

1. 矿井安全绩效和经济绩效、生态绩效、社会绩效的关系

矿井安全绩效主要表现在三个方面：经济绩效、生态绩效和社会绩效，缺少任何一个方面矿井安全绩效都是不全面的，从长期看也不可能是最优的。因此，矿井安全绩效是经济绩效、生态

绩效和环境绩效的集成，这种关系也比较全面地体现了矿井安全绩效的内涵。其关系可表示为：

$$P = F(P_{en}, P_{ec}, P_s)$$

$$\text{或者 } P = P_{en} \cap P_{ec} \cap P_s$$

其中：P，P_{en}，P_{ec}，P_s分别表示矿井安绩效、经济绩效、生态绩效和社会绩效。

2. 经济绩效、生态绩效和社会绩效的关系

企业是环境的产物，而环境是企业运行的背景。一方面矿井的经济活动对环境的状态具有直接的影响；另一方面环境的状态变化趋势也影响着矿井的经济活动及其绩效。因此，环境绩效子系统也是矿井安全绩效要素系统的重要组成部分。

这里的环境是一个整体，既包括自然界一切有生命和无生命的"自然环境"，也包括文化、意识、观念、制度、法律、政策、习俗等组成"社会环境"。根据矿井安全绩效的特点和影响范围，这里仅对部分环境因素进行了分析。不同环境因素对矿井安全绩效影响的大小有较大的差别。社会环境子系统绩效体现了矿井安全对社会环境友好的内涵，生态环境子系统绩效体现了矿井安全对生态环境友好的内涵，企业经济子系统绩效体现了矿井安全有利于企业发展方面的内涵。其中经济绩效是矿井安全绩效的核心，发展是主流；环境绩效既是其重要的方面，也是实现经济绩效的重要条件。所以，煤矿的发展应该具备多重价值、多重主体、多重目标等特点，其发展模式也应该注入新的内涵。

第三节　大安全绩效型矿井发展模式

随着可持续发展战略的进一步推进和利益相关者理论、企业社会责任理论的进一步发展，以投资者利益为核心的追求"最优”的煤矿发展模式逐渐显露出诸多缺陷，建立以利益相关者的共同利益为核心，追求多维绩效协调与持续发展的“大安全绩效型矿井”模式成为必然。多维协同绩效持续发展的大安全绩效型矿井应该包括：多重价值协同、多重资本协同、多重主体协同、多重目标协同等，从而形成经济绩效、生态绩效与社会绩效的协同。

一　多重价值协同

随着采矿业外部性问题的日益严重以及社会公众的环保呼声日益高涨，生态伦理已经开始成为企业伦理的重要组成部分，不管矿山愿意与否，生态价值观已经冲破传统的企业价值观并开始渗透到其中。“大安全绩效型矿井”强调的是企业经济利益、社会利益、生态利益的协调性与持续性。从社会关系上讲，反映的是全人类及其内部之间的利益关系；从生态关系上讲，大安全绩效观不仅反映全人类及其内部之间的利益关系，而且还反映全人类与自然之间的利益关系；从利益内容上讲，大安全绩效观不仅反映经济利益关系，还反映人类的社会利益关系以及人类与自然之间的生态利益关系。所以，大安全绩效观拓宽了价值的范畴，它将价值的视野从单一经济价值扩展成为经济价值、社会价值和生态价值多重价值协同。

二　多重资本协同

周其仁（1996）认为企业是“一个人力资本与非人力资本的特别合约”，萨拉格丁（serageldin，1996）认为至少存在物质资本、自然资本（自然资源等）、人力资本（对劳动者的教育和卫生健康等的投资）、社会资本（一个社会发挥作用的文化基础和制度）四种类型的资本；刘思华（2000）、杨文进（2002）认为企业总资本包括物质资本、人力资本、生态资本；李海舰（2004）将资本分为有形资本、无形资本、人力资本（包括社会资本）、组织资本、生态资本五种形态；王万山（2003）将资本分为生态资本（自然资源、环境等）、经济资本（人造物质资本、人力资本、技术资本等）和社会资本（政体、文化、伦理、宗教等）。根据大安全绩效观的本质及其对煤矿发展的要求，煤矿总资本由物质资本、人力资本、社会资本和生态资本构成。物质资本是指煤矿赖以生产经营的物质条件；人力资本是相对于物质资本存在的，附着在人身上的知识和技术所形成的资本；生态资本是能够为企业带来价值的生态资源和生态环境；社会资本是指能够为企业带来价值的社会资源的总称。这四类资本综合反映了煤矿为实现可持续发展所必须具备的物质基础、人力基础、生态基础和社会基础，比较全面地概括了煤矿在可持续发展中的作用和实现途径。四种资本之间应该是相互依存、相互促进的和谐发展关系，应该协同发展。

三　多重主体协同

按照系统管理理论、可持续发展理论、利益相关者理论和企业的社会责任理论的观点，企业不仅是经济系统的要素，而且是社会系统和生态系统的成员。尼利等（2004）认为，公司能够长期生存和繁荣的最好途径是考虑其所有重要的利益相关者的需求，并努力满足他们的需求。查尔斯·汉迪（2000）指出，企业是在“一种像六棱形的圈里运营的”，六棱圈指的是“出资人、雇员、顾客、供货商、环境和社区”。卡罗尔（2004）指出：最显在的利益相关者是股东、雇员、顾客，除了这三类利益相关者群体外，竞争者、供应商、社区、特殊利益群体、媒体乃至整个社会和全体公众，也都是利益相关者。斯塔瑞克（1993）、杰克波斯（1997）、威勒和西兰帕（1998）认为，环境和后代人也是重要的利益相关者。现代企业本质上应该是经济人、社会人和生态人的有机整体，同时具备经济功能、生态功能、社会功能，从而形成了多重价值观、多重资本、多重身份。煤矿应该明确认识自己的多重身份，按照经济主体、社会主体、生态主体的多重身份进行管理和运作，以保持多重身份之间和谐关系，实现煤矿与可持续发展的全面对接。

四　多重目标协同

查尔斯·汉迪（2000）认为，企业不是“一种在股市上卖来卖去的财产”，“不是一种工具”，“不是某种产权”，“利润只是企业存在的必要而非充分条件”，“盈利只是某种目标的手段，而不是根本目的”。埃尔金顿（2001）认为：“未来的经济将会从缺乏永续性20世纪资本主义经济，转化蜕变为具有永续性的21世纪经济形态，其主要特征有：高度透明；新的责任形式与三重底线的议程相互交错；特别强调社会公平与企业责任；企业兴趣从财务绩效转移至三重底线绩效与长期价值的创造。”三重底线体现了“经济价值、社会价值、生态价值”的多重价值观，强调多重公平与社会责任。所以，基于大安全绩效理念，虽然追求经济利益仍是煤矿的基本要求，但这一要求必须在保证经济利益、社会利益和生态利益相统一、代内公平与代际公平相统一的过程中得以实现，煤矿的发展目标应该从单一经济盈余转向基于“三重盈余”（经济盈余、生态盈余、社会盈余）的综合利益。这种综合利益是各种形式的利益之间通过冲突与协调、对立与统一的矛盾运动，相互影响、相互作用的结果。从更广泛的角度看，综合利益是多层次、多形式的利益耦合。从利益所体现的内容看，综合经济利益是经济利益、社会利益、生态利益的耦合；从利益主体看，综合利益是投资者利益、债权者利益、经营者利益、员工利益、国家利益、社会公众利益的耦合，也是当代人利益与后代人利益的耦合，还是人类与非人类生命物种的利益耦合。多重盈余决定了煤矿的多重目标。作为“经济社会生态人”的煤矿，其目标和任务不仅仅是创造物质财富，实现经济价值，更应着眼于整个现代文明的全面发展和整个社会的全面进步，还要努力创造精神文明和社会财富，实现企业的社会价值，又要努力创造生态财富，实现企业的生态价值。

大安全绩效矿井发展模式见图 3－6。

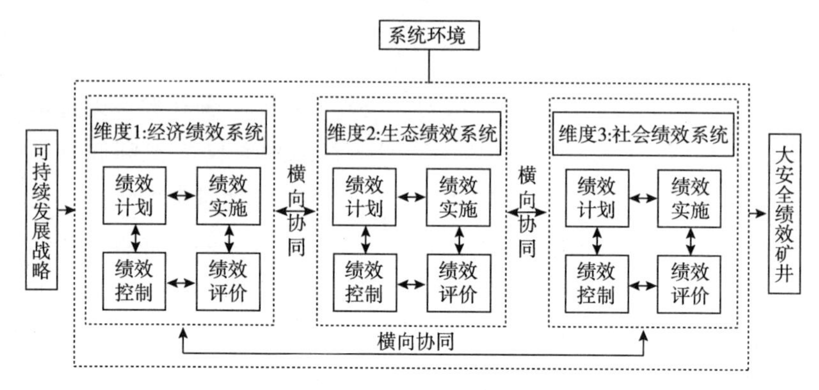

图 3－6　大安全绩效型矿井发展模式

五　大安全绩效型矿井的几个特点

第一，更加重视经济、社会、生态的和谐统一，追求经济、社会、生态的持续协调发展。

第二，更加体现了企业的经济属性、社会属性和生态属性协同性。

第三，更加注重经济利益、社会利益、生态利益的和谐发展和持续发展，注重长期价值的创造。

第四，更加注重全面履行经济责任、社会责任和生态责任。

纵上分析，对于矿井安全绩效形成机制的研究，不仅要从目标上考虑到矿井经济绩效、生态绩效和社会绩效的协同性和可持续性，还要从安全绩效要素的来源构成、相互关系和资源配置上去分析安全绩效外部作用机理，即“企业与企业”、“企业与社会”、“企业与生态”等主体之间的相互作用、相互影响及其绩效结果与表现，同时也必须从企业结构、企业制度、企业资本、企业能力等企业本质要素上去分析安全绩效的内部实现机制和动力。

第四章　矿井安全绩效外部影响

矿井安全绩效影响范围之广、涉及面之大，使得一般均衡问题的分析变得尤为复杂。矿井安全存在非常大的外部经济性、社会性与生态性，可能从短期和局部看这种效果并非显而易见，但从长远和整体看矿井安全能促进社会的稳定、经济的发展、环境的改善、社会福利的提高。本章从经济学角度分析了矿井安全外部性的内涵和特点，指出矿井安全外部性产生的原因、存在的问题以及对相关主体决策的影响；对矿井安全绩效的形成进行博弈分析，对矿井安全绩效表现进行福利分析，并指出国家政策法规的完备性、可操作性对煤炭行业大安全绩效的实施非常重要。

第一节　矿井安全绩效的外部性分析

本书所讲的矿井安全绩效不局限于矿井本身的经济绩效，而是矿井大安全绩效观，是指矿井在某个时空范围内以某种行为实现企业的良性发展、生态环境友好和社会环境稳定。矿井安全的内涵和特征决定这种矿井安全绩效更关注发展的持续问题和均衡问题，关注煤炭资源的有效配置，关注矿井安全活动与企业其他经营活动的均衡，关注企业的可持续发展，关注企业、社会和环境的均衡与协调性。这些问题的有效解决不可能完全依赖市场这只“看不见的手”，因为矿井安全绩效具有较强的外部性。

一 外部性理论的提出及其演进

1. 外部性理论的提出

外部性理论是由福利经济学家庇古在20世纪初提出，后经新古典经济学的代表人物马歇尔发展而形成，并由美国新制度经济学家科斯丰富和完善的一个重要经济学概念。大约1960年以后，外部性概念被扩展，广泛应用于经济分析中。

国内外不同的经济学家对外部性均给出了不同的定义，归结起来如下。

（1）从外部性的产生主体角度来定义。萨缪尔森和诺德豪斯（1998）的定义为："外部性是指那些生产或消费对其他团体强征了不可补偿的成本或给予了无需补偿的收益的情形。"

（2）从外部性的接受主体角度来定义。如兰德尔（1989）的定义：外部性是用来表示"当一个行动的某些效益或成本不在决策者的考虑范围内的时候所产生的一些低效率现象；也就是某些效益被给予，或某些成本被强加给没有参加这一决策的人"。

（3）布坎南（1968）用数学语言来表述，外部性就是某经济主体的效用函数的自变量中包含了他人的行为，而该经济主体又没有向他人提供报酬或索取补偿。即：

$$\text{如果 } F_i = f(X_{i1},\ X_{i2},\ \cdots,\ X_{im},\ X_j^n) \qquad i \neq j$$

则可以说生产者（或消费者）j 对生产者（或消费者）i 存在外部性。

按照上述布坎南的观点，用数学语言来表述，当 n 为正数时，i 的收益就会因 j 的经济活动而得到利益，正外部性即产生了。当 n 为负数时，i 的收益即会因 j 的活动而受到损失，负外部性即出现了。例如不合理的煤炭资源开发利用对环境的损害。

（4）梁小民（1994）等主编的《经济学大辞典》中对外部性的表述为，"外部性存在于一个或多个团体的活动影响另一个或多个团体（后者对前者的活动是外在的）的场合”。

（5）厉以宁和章铮（1995）在其出版的《环境经济学》中认为，外部性“指某个微观经济单位（厂商或居民户）的经济活动对其他微观经济单位（厂商或居民户）产生的非市场性的影响”。

（6）马中（1999）在其《资源与环境经济学》中认为，外部性指“在没有市场交换的情况下，一个生产单位的生产行为（或消费者的消费行为）影响了其他生产单位的生产过程或消费者的生活标准”。

2. 外部性理论的演进

一般认为，外部理论的概念是新古典经济学的完成者马歇尔（1890）首次提出的。作为马歇尔的得意门徒，福利经济学创始人庇古（1920）提出了私人边际成本和社会边际成本、边际私人纯产值和边际社会纯产值等概念作为理论分析工具，基本形成了静态技术外部性理论的基本理论。

1928年，英国皇家经济学会主席阿温·杨在就职演说“收益递增与经济进步”中系统地阐述了动态的外部经济思想。所谓动态的外部性有别于在产业内对厂商和产业的分析，是指产业增长产生的劳动分工的扩大，专门从事新活动的厂商的出现，其中一部分厂商专门为其他厂商开发资本设备或为之服务。

1952年，英国经济学家鲍莫尔出版了《福利经济及国家理论》一书，对他以前的外部性理论进行了综述性研究。他认为外部性的定义是：由于工业的规模扩大，特别是在该工业中其他厂商情况不变之下增加了生产，使得一家厂商生产成本降低（提高）了。如果一个地区本来鱼类资源稀少，任何一家渔商如果在这里扩大作业，就会增加鱼的稀少性，从而提高其他渔商的成本，这样就出现了负的外部性。鲍莫尔对垄断条件下的外部性问题、帕累托效率与外部性、社会福利与外部性等问题作了较深入考察，并认为外部性理论还有好多问题没有得到解决。

第二次世界大战以来，外部性理论的研究呈现日渐繁荣之势，主要沿着以下三条路径向前推进。

一是遵循庇古的研究思想，对众多的外部不经济问题进行了深入的探讨，这些问题包括交通拥挤、石油和捕鱼区相互依赖的生产者的共同联营问题以及日益受人关注的环境污染问题。尤其是环境外部性问题得到了广泛的关注和研究，如英国环境经济学家鲍莫尔（1988）在《环境政策的理论分析》中建立了一般分析模型以解释外部性内部化方法之一的“庇古税”的正确性，戴维·皮尔斯（1993）从可持续发展的角度考察了英国乃至全球的环境问题。

二是针对外部性（尤其是外部不经济）问题，提出了众多的“内在化”途径。除传统的政府干预方式外，1960 年罗纳德·科斯提出了明晰产权的思路。直到 20 世纪 60 年代之前，经济学界基本上因袭庇古的传统，认为应该引入政府干预来解决因外部性引起的资源配置的非帕累托最优问题。科斯（1960）的长篇论文《社会成本问题》引起经济学界的高度重视，认为对于经济活动中的外部性问题，无需政府干预经济交易，市场是最有效的。

三是沿着马歇尔，尤其是沿着关于“规模经济”（动态的外部经济）的思路进行发展。1970 年齐普曼在《经济学季刊》上发表了《规模的外在经济与竞争均衡》一文，再次继承了这一思想。1986 年芝加哥大学保尔·罗默在《政治经济学杂志》上发表了《收益递增与长期增长》一文，首次系统地建立了一个具有外部性效应的竞争性动态均衡模型。1988 年罗伯特·卢卡斯在《货币经济杂志》上发表了《论经济发展的机制》一文，明确地把人力资本的外部性效应存在当成经济增长的一个重要因素。总之，在上述经济学家及其追随者的努力下，在国外外部性理论研究已成为现代经济学研究的一个新热点。

3. 国内外外部性理论的应用研究

外部性理论在国外作为一种理论分析依据，应用非常广泛。

与本书相关的研究主要有：

Rosa M. Saez 博士等（1998）在《生物能》杂志中发表的《生物发电和煤炭发电的外部性评价》，从煤炭的外部性角度进行了总成本分析，提出生物发电的外部性总成本小于煤炭发电的外部成本；Lawrence Saroff 博士（1996）在《能源转化》中发表了《煤炭总循环的外部性评价》，通过美国某发电厂的实证分析，对煤炭的外部性问题赋予更宽泛表现，从潜在的全球变暖到能源安全问题。Manjira Datta1 博士（1999）在《环境经济与管理》杂志中，发表了《外部性、市场力量、和资源开采》，提出了采用纳什均衡来解决市场失灵的资源外部性问题。

随着我国市场经济制度的建立和完善，外部性理论的研究和应用越来越受到国内学者的关注。毛志锋（2000）所著的《区域可持续发展的理论与对策》，其研究的中心以人与自然和谐、人与人公平的追求为中枢，系统研究了区域可持续发展的基本原理和实践准则；厉以宁（2002）主编的《区域发展新思路》，其研究的主要内容是区域社会发展的不平衡及区域的协调发展与可持续发展；赵国浩等（2000）所著的《中国煤炭工业与可持续发展》，文中结合煤炭工业的特点，从系统工程角度分析了可持续发展的问题。有些对可持续发展的一个层面进行了研究，如魏晓平（1999）所著的《可持续发展战略中矿产资源最适耗竭理论的研究》，许晓峰等（1999）编著的《资源资产化管理与可持续发展》；有些则从机制上研究可持续发展问题，如陈安宁等（2000）主编的《资源可持续利用激励机制》；有些则从经济学的角度研究可持续发展问题，如潘家华（1996）所著的《持续发展途径的经济学分析》。艾建华（1999）博士的《煤炭开采的外部性、内化政策与技术水平选择》一文，从可持续发展理论角度，把技术水平作为变量引入煤炭企业的成本函数和收益函数，讨论政府内化政策的制定方法，政府应按外部损失量制定内化政策，并应使大多数企业获得合理利润。

龚新梅等（2003）在《污染排放造成的外部性分析及其对资源配置的影响》一文中，提出：污染排放对环境造成了外部不经济性，并对由此引起的资源配置失误作了详细解释；此处，还提出了一些意见来减少外部不经济性，从而达到资源的优化配置。赵时亮等（2003）在《论代际外部性与可持续发展》一文中，提出外部性可以分为空间外部性和时间外部性，代内公平表现为空间的外部性，代际公平表现为时间的外部性，可持续发展涉及代际外部性，对传统经济学外部性理论的局限性，提出代际外部性解决思路。

煤炭作为资源在国民经济发展中做出重要贡献的同时，在其开发与利用过程中也带来了一系列环境安全问题、生态平衡问题、人类生存问题和社会稳定问题，构成一定程度的外部不经济性。从大安全绩效观的角度，依托外部性理论和绩效管理理论为分析的理论工具，以矿井安全绩效为切入点，对矿井安全外部作用机理进行研究，就笔者目前收集和阅读的资料来说，几乎没有。这也是本书试图在理论上有所创新，研究成果具有一定现实意义的目的所在。

二　矿井安全绩效的外部性

1. 矿井安全绩效外部性的内涵

从矿井安全绩效的内涵和外部性概念的本质出发，可将矿井安全绩效的外部性界定为：煤矿在安全生产经营活动中，不经市场交换和价格体系直接和间接地给予矿井生产经营活动无关或关联不大的第三者带来原非本意的影响。矿井安全外部性具有下述特点。

（1）是种外部经济性、生态性、社会稳定性，因为一般情况下矿井安全带来的是好影响。

（2）属于技术的外部性，因为它不是通过价格体系起作用的。

（3）是一种比较强的外部性，因为矿井安全部分绩效具有准公共产品的性质。

（4）具有累积性，就单个煤矿而言，矿井安全外部性是企业多次矿井安全活动的积累，就社会而言，矿井安全外部性是多个矿井安全活动的累积。

2. 矿井安全绩效外部性的产生

矿井安全绩效外部性的产生除了根源于各活动主体在经济活动中的相互作用、相互联系、相互影响之外，还有一个更重要的原因在于矿井安全的部分绩效具有准公共产品的性质，为了便于分析这一问题，先讨论公共产品。公共产品是与个人所享用的私人产品相对立的一种典型的产品，具备非抗争性和非排他性。所谓非抗争性就是指消费人数增加所引起的产品边际成本等于零，即可同时消费，增加一名消费者的消费并不减少可供别人消费的数量；消费的非排他性是指不能排斥任何人消费该种产品，即不能根据是否支付了成本决定消费资格。准公共产品就是具有局部的非抗争性和局部的非排他性或具有一定程度（不完全）非抗争性的产品。矿井安全的部分绩效如环境绩效、社会绩效就具有这种性质。

矿井安全绩效的这种性质使它能为自身带来收益的同时，也能增加其他企业、社会、环境的收益或效用（福利），即部分效用的外化。社会在不增加成本的情况下，享用矿井安全营造出来的友好的环境，和谐的、没有污染的生态环境，稳定的社会秩序，科学、文明的经济文化；提高煤矿周边人们生活上的安全性、精神上的愉悦性和心理上的一些满足等。这一切形成了矿井安全的外部经济性、生态性和社会稳定性。

3. 矿井安全绩效外部性存在的问题

矿井安全绩效外部经济性增加社会福利的同时，也产生一些不容忽视的问题。

（1）搭便车现象。在当前各种规制和市场调节尚未成熟的条件下，矿井安全生产中“搭便车”问题显得比较严重。既然可以免费分享其他煤矿部分安全绩效的外部经济性，所以，按照理性的经济观点，每个煤矿可能都不想投入大量的人力、物力、财力来保证煤矿持续安全生产，其结果可能出现安全的煤矿越来越少，刚刚形成的安全氛围可能“夭折”于襁褓中；整个社会福利也将难以改善，这是一种典型的“囚徒困境”。

（2）矿井安全虚报现象。更为严重的是，部分煤矿在“搭便车”的同时，在信息不对称的条件下，隐报或虚报安全事故，给社会、经济、环境等造成了严重危害和不良影响。矿井安全的虚假性的出现将导致“矿井安全”的“逆向选择”，致使大量的隐报或虚报泛滥，结果可能是非安全矿井挤垮安全矿井，严重威胁着煤炭行业的可持续发展，甚至造成整个社会经济秩序的紊乱，整个社会福利将因此下降。

（3）市场资源配置低效现象。尽管矿井安全外部经济性能提高整个社会福利，改善帕累托状态，但是，经过企业的多次博弈以后，安全绩效好的煤矿虽然使其他煤矿受益，但其他煤矿并不会向安全绩效好的煤矿做出任何支付，如果政府也没有采取任何干预措施，完全靠市场机制作用，资源配置将难以达到帕累托最优，整个市场资源不能充分利用，资源配置低效。所以，应加强对矿井安全外部性的管理，且管理重点应围绕非安全煤矿进行。

4. 对矿井安全绩效外部性存在问题的分析

在目前市场规制不成熟的条件下，实施矿井安全生产，提高安全绩效，企业要投入大量的成本，而这些投入的部分效用外化（即矿井安全外部性）。因此，政府应采取某种措施或形成某种机制，使实施矿井安全活动的一部分成本外化，由受益方分担一部分，或使收益内化，如增加非安全煤矿的企业税收，对安全绩效高的煤矿进行补贴，免费为安全矿井做一些公益性广告，建立矿井安全基金等，可结合图 4－1 进行分析。

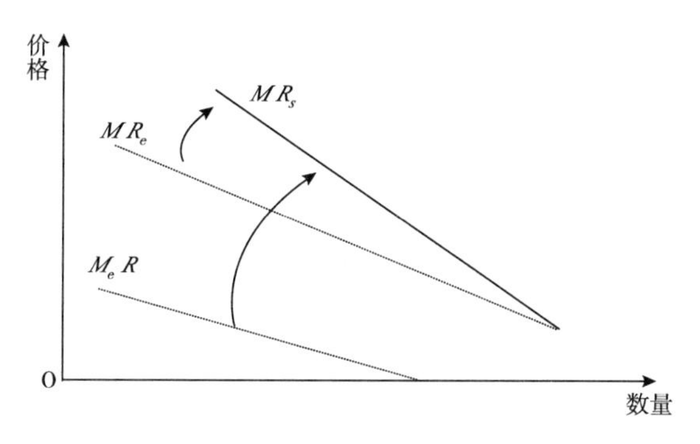

图 4－1　矿井安全生产资源配置问题分析

图中 MR_s 为社会边际收益曲线，MR_e 为企业边际收益曲线，M_eR 为矿井安全的外部边际收益线。从图 4－1 可以看出：对安全绩效比较好的企业进行补贴，使矿井安全外化收益内化，在图上等效于移动外部边际收益线 M_eR 和企业边际收益线 MR_e，使之与社会边际收益线 MR_s 重合，所以图上外部收益线和企业边际收益线用虚线表示。此时资源配置达到最优，社会边际收益等于补贴后的企业边际收益，设对安全绩效比较好的企业进行补贴，数量为 T，则补贴后企业边际收益为：

$$MR_e^T = MR_e + T \tag{4.1}$$

矿井安全一般存在一条为其他企业所享受的外部边际收益线 M_eR，社会边际收益 MR_s 应等于为企业边际收益 MR_e 和边际外部收益 M_eR 之和，即

$$MR_s = MR_e + M_eR \tag{4.2}$$

根据公式（4.2），则有

$$T = M_eR \tag{4.3}$$

以上分析是将矿井安全视同为公共产品，这主要是为了简化分析。实际上作为一种准公共产品，矿井安全的外部性有其特点。当矿井安全能为企业带来超额利润时，即使矿井安全绩效具

有较强的外部性，企业也愿意提供更多的安全保证。

三　矿井安全绩效外部性对相关决策的影响

1. 对煤矿决策的影响

煤矿作为理性的经济人，他们的最终追求是自身经济利益的最大化，换言之，除非自身经济利益受到影响，否则，他们很少改变自己的行为模式。尽管矿井安全具有潜在的、长远的经济利益、社会效益，但需要较大的投入，特别是矿井安全的外部经济性使企业部分收益外化。在决策时，企业总要考虑自身的发展问题、考虑投入产出问题，这时，如果国家政策不到位、市场机制不健全，企业可能就会出现轻安全、重经济，有可能持续非安全行为。

2. 对政府决策的影响

由于矿井安全的外部性，作为社会管理者，政府相关部门应大力提倡矿井安全。因此，为使更多的煤矿重视安全，政府在进行管理决策时，如制定政策、措施时，考虑如何实现企业、公众和社会三者之间利益的均衡，保护矿井安全行为。

第二节　矿井安全绩效的形成

一　博弈论与矿井安全绩效博弈分析

1. 博弈论的建立

1944 年冯·诺伊曼和摩根斯顿划时代巨著《博弈论和经济行为》的出版标志着现代博弈论的建立。1950 年纳什明确提出了“纳什均衡”（Nash Equilibrium）这一基本概念，阐明了博弈论与经济均衡的内在联系，奠定了“非合作博弈”（Non-cooperative games）的理论基础；泽尔滕在 1965 年率先开辟了动态博弈（Dynamic games）这一新领域，给出了“多步博弈”（Multiplestage games）和“子博弈精炼纳什均衡”（Subgame Perfect Nash Equilibrium）的概念，进一步推进了“纳什均衡”的精化（Refining or Perfecting of Nash Equilibrium）和博弈论的发展；海萨尼则于1967年把“信息不完全性”引入博弈模型中，开创了“不完全信息博弈”这一新的研究领域，并首次提出了“贝叶斯-纳什”（Bayesian Nash Equilibrium）的概念，运用随机的方法初步解决了信息不完全条件下的博弈问题，为博弈论的发展树立了一新的里程碑（张维迎，1996）。

2. 博弈论与矿井安全绩效博弈分析

博弈论是研究博弈情景下，参与各方理性行为选择的理论；是关于竞争者如何根据环境和竞争对手的情况变化，采取最优策略和行为的理论；是研究博弈现象，以期把握其规律，利用其规律为部分人或全部人谋福利的理论。其应用范围涉及经济学、政治学、军事学、国际外交等多个学科。在经济学领域，博弈论是研究多人决策问题的理论，作为数学工具用于分析多个理性参与者在一定约束条件下的竞争策略。博弈论试图预测理性参与者在不同竞争条件下的决策过程，允许参与者具有不同的风险偏好和有限的理性认识（谢识予，2003）。在矿井安全绩效管理中，博弈论可用于研究各方利益主体协作或竞争问题。

博弈建立的理念和市场经济的理念相似。市场经济假设市场主体即企业符合“理性经济人假设”，以追求自己的利益最大化为目标，政府扮演“守夜人”角色，维护市场经济的秩序。企业在“看不见的手”这种市场机制的调节下展开以争取自己利益最大化为目标的充分竞争，从而也实现了社会利益的最大化。

博弈成立的一个前提就是假设博弈主体具有完全理性，以追求自己的利益最大化为行为准则，极力通过策略的竞争谋求自己利益的最大化，博弈规则扮演市场经济秩序及其保证者即政府的类似角色，为博弈主体由内在利益冲动所驱使的竞争行为提供外在约束，使博弈在一定规则的框架下进行。而且，博弈结构里面没有类似市场机制的要素，完全依靠基于信息在博弈主体中不同分布的策略博弈实现利益在博弈主体之间的分配。可是，由于信息的不对称分布，博弈结构的运行，博弈主体的理性行为也不一定导致整体利益的最大化，也就是说，不一定导致整体理性。如何提高一般博弈即非合作性博弈的效率，增加社会福利，是人类社会面临的一个重要课题。

要找到治理低效的一般博弈的途径，就必须分析产生低效的原因，只有这样才能对症。得益的来源就是博弈主体的生产，社会总得益就是所有博弈主体生产的总成果，个体得益就是社会总得益在不同博弈主体之间按照一定规则分配的结果。所以，是什么因素影响了博弈主体得于益生产的积极性就成为问题的焦点。诚然，博弈主体追求自身利益最大化的内在动机是不必怀疑的，那么，是什么因素阻碍了这种动机转变成生产得益的行动呢？换句话说，是什么因素影响和阻碍了博弈主体生产的得益转变成自己的得益？这里的答案只有两个：一个是得益的评判标准变了，新的标准迫使博弈主体改变了得益的生产方式；另一个是分配方式的障碍，打击了博弈总得益生产的积极性，降低了生产效率。所有的这些都指向一个目标——博弈规则（肖条军，2005）。

对矿井安全绩效的公共治理，焦点就是改进博弈规则，目标是提高博弈的效率，增加各博弈主体的得益和社会总得益，方式就是政府介入，调整博弈的规则，使得经济绩效、社会绩效与生态绩效协同发展，客观上保证博弈得益最大化，实现低效的一般博弈向高效的合作性博弈即共赢性博弈的转变。

矿井安全的外部性决定大安全绩效观在导入、实施过程中，煤矿和政府等博弈主体的决策总是相互影响的，大安全绩效观的实现程度是企业和企业、企业和政府间多次博弈和理性选择的结果，因此，博弈论是分析矿井安全绩效形成的一种有效工具。

事实上，在矿井安全绩效背后牵涉一条更长的规制链条，至少包括中央政府、地方政府、煤矿企业等主体，各博弈主体有着不同的利益诉求，各主体之间的博弈必将影响矿井安全绩效的最终效果。因此，任何局部环节的博弈分析都不能系统准确地解释中国煤矿安全绩效低下的根本原因，必须从中国整个煤矿安全绩效链条出发寻求合适的治理之路。以中央政府、地方政府、煤矿企业三个利益主体为对象，从中央政府与地方政府的博弈、地方政府与煤矿企业的博弈、煤矿企业间的博弈，来刻画中国矿井安全绩效问题的复杂性与系统性，并在此基础上提出相应的政策建议。

二　矿井安全绩效的实施：中央政府与地方政府的博弈

中国依然是目前世界上安全事故最高的国家之一。为此，中央政府为提高矿井安全绩效，出台了一系列相关规程如《煤矿安全规程》（2001）、《煤矿安全生产基本条件规定》（2003）、《国务院办公厅关于坚决整顿关闭不具备安全生产条件和非法煤矿的紧急通知》（2005）、《国务院关于预防煤矿生产安全事故的特别规定》（2005）等。中央政府要求地方各级政府必须制定煤矿停产整顿工作方案，对列入整顿名单的煤矿，要依据其安全生产状况和整顿工作的难易程度，分批次规定整顿期限。对所有不合格的煤矿，只能给予一次停产整顿的机会，如仍达不到安全生产许可证颁证标准，一律依法予以关闭。中央政府为防止煤矿企业假整顿真生产，要求地方政府向停产整顿煤矿派出监督员，对其进行监督。从上面的政策可以看出，中央政府的目的很明确，要治理安全绩效水平不达标的煤矿生产企业，提高矿井安全绩效。如果地方政府真正积极配合，煤矿事故的发生率不会一直居高不下。但是，实际上地方政府与中央政府却处在博弈中，地方政府拥有信息优势，处于代理人的地位，而中央政府则处于委托人的地位，处于信息弱势。信息不对称意味着理性代理人可以利用信息优势谋取自身利益并且发生逆向选择与道德风险。为了实现社会整体福利最大化目标，中央政府必定会通过各种宏观、微观的经济与政治手段来对相关的组织施加影响并规范其行为。毋庸置疑，中央政府出台的各项规程、政策的动机是最大可能地降低煤矿事故的发生率，提高矿井安全绩效。但地方政府的动机则不尽然，地方政府的确会考虑中央政府下达的政策，但还会考虑其地方利益。为了地方经济的发展，地方政府在政策的制定和执行等许多方面与中央政府进行博弈，如何提高矿井安全绩效也在双方博弈的范围之内。

以下利用博弈方法对两者的行为进行分析。中央政府与地方政府在博弈中都是理性的经济人，分别代表了政策制定者与执行者。中央政府若想使自身的利益最大化，则需要使其所涉及政策的成本最小化。每一起煤矿安全事故对经济和社会产生的负面影响，中央政府都要为其支付成本，因此，中央政府为达到最大限度降低煤矿事故发生率这一目标制定出相应的政策。地方政府作为政策的执行者会通过各种途径来获取相关信息，如中央政府的惩罚强度、监督力度等，并在综合考虑各变量之后采取对其自身发展最有利的行动。下面将通过一个具体的模型探讨中央政府与地方政府间这种不完全信息博弈的具体情况。

1. 有关博弈情境的假设

（1）假定中央政府只与1个地方政府进行博弈，是理性经济人，其目标是自身利益（效用）最大化。

（2）中央政府与地方政府进行博弈，暂不考虑其他变量，只考虑有形收入这一个变量。

2. 中央政府与地方政府的博弈模型建立

设 U_c为中央政府的效用，U_1为中央政府的效用，煤矿事故的发生率会直接影响到中央政府的收益，这里的收益是广义的，不仅包括财政收入，还包括人民对中央政府的信任、社会对其的评价等方面（肖兴志，2009）。

设中央政府的收入函数为 $G(w_1,i)$，w_1为中央政府对地方政府的监督力度，i 为煤矿事故发生的概率。一般而言，煤矿事故发生率增大，中央政府对地方政府的监督力度就会有所增加，即 w_1 是 i 的函数。

中央政府的最大化效用函数：

$$\max\ U_c = G(w_1, i) - g(w_1) - f(i) \tag{4.4}$$

式中：$g(w_1) + f(i)$ 为中央政府所需支付的总成本；$g(w_1)$ 为中央政府对地方政府进行监督所发生的成本，即随着 w_1 的增大，$g(w_1)$ 会增加；$f(i)$ 为煤矿事故的发生使中央政府发生的损失，即煤矿事故发生率 i 增加会使损失 $f(i)$ 增加。同样，地方政府作为理性人，在博弈中也会使自身的利益最大化，它的最大化效用函数可表示为：

地方政府的最大化效用函数：

$$\max\ U_1 = R(w_2, w_1) - r(w_1) - h(w_2) \tag{4.5}$$

式中：$R(w_2, w_1)$ 为地方政府收入函数；w_2 为地方政府对煤矿企业的监督力度，并且 w_2 是 w_1 的函数，即地方政府对煤矿企业的监督力度与中央政府的监督力度有直接的关系，如果中央政府的监督力度或处罚力度加大，必然会使地方政府对煤矿企业的监督力度增加；$r(w_1) + h(w_2)$ 为地方政府进行监督所发生的总成本；$r(w_1)$ 是由于中央政府的监督而使地方政府发生的额外监督成本，或者说是由于地方政府的监督力度不够被中央政府发现而对其进行处罚所发生的成本，可视为一种间接成本；$h(w_2)$ 为地方政府对煤矿企业进行监督所发生的成本，会随着监督力度的加大而增加，是地方政府所发生的直接成本。中央政府与地方政府都在追求自身利益（效用）最大化，必然会存在一组均衡值，求解中央政府与地方政府的均衡关系：

$$\begin{aligned} \frac{\partial U_c}{\partial i} &= \frac{\partial G}{\partial w_1} \cdot w'_1 + \frac{\partial G}{\partial i} - \frac{\partial g}{\partial w_1} \cdot w'_1 - f'(i) = 0 \\ \frac{\partial R}{\partial w_1} &= \frac{\partial R}{\partial w_2} \cdot w'_2 + \frac{\partial R}{\partial w_1} - \frac{\partial r}{\partial w_2} \cdot w'_2 - h'(w_2) = 0 \end{aligned} \tag{4.6}$$

从模型发现，i 与 w_1 之间可能存在一组最优值，可表示为 $w_1^* = \psi(i^*)$；同理，w_1 与 w_2 之间也可能存在一组最优值，可表示为 $w_2{}^* = \varphi(w_1^*)$。也就是说，中央政府的监督力度与煤矿事故发生率之间存在一组最优值，中央政府的监督力度与地方政府的监督力度之间也存在一组最优值。中央政府和地方政府均实现最大化效用的必要条件是同时取到两组最优值，而中国目前的现实情况是中央煤矿安全规制部门疲于奔命，地方政府事故压力较大，显然中央政府和地方政府均没有达到自身效用最大化。这就表明，中央政府与地方政府的监督力度之间、中央政府监督力度与煤矿事故发生率之间两组相关变量都偏离了理论上的最优值，处于一种配置失当的状态，从而在很大程度上导致中国煤矿事故发生率居高不下。

三　矿井安全绩效的实施：地方政府与煤矿企业的博弈

地方政府的行为路径与其管辖地区经济发展状况有直接的关系，往往涉及不同利益集团，其决策不可能完全大公无私。为充分了解地方政府与煤矿企业之间既密切又微妙的关系，需要从博弈角度出发对双方行为进行分析。

1. 有关博弈情境的假设

假定博弈中只有一个地方政府与一家煤矿企业，是理性经济人。地方政府在此博弈中有两种选择：对煤矿企业的安全投入进行监督或者不进行监督；煤矿企业自身又存在两种选择：对地方政府进行寻租以期继续留在此行业中并获得收益，或者不进行寻租而承担其本应承担的安全投入费用以及罚款。煤矿企业进行寻租会发生成本，地方政府对煤矿企业进行监督也需要有成本。

2. 地方政府与煤矿企业的博弈模型的建立（肖兴志，2010）

设 π 为地方政府不对煤矿企业进行监督所需承担的一切成本，这其中包括中央政府对其的惩罚及其自身政绩减少等方面；π_1 为煤矿企业在正常生产情况下所能获得的正常得益；π_2 为煤矿企业本应进行的安全投入，如果煤矿企业对地方政府进行寻租，则无论地方政府采取哪种策略，煤矿企业均不会有此项支出，即为其收益；C 为地方政府对煤矿企业进行监督所发生的成本；F 为煤矿企业对地方政府进行寻租而发生的成本；f 为地方政府选择监督策略时煤矿企业所受到的处罚（当煤矿企业选择寻租策略而地方政府选择监督策略时，地方政府迫于中央政府的压力仍会对煤矿企业进行处罚，处罚金额为 f，但此时对于煤矿企业而言还会有 π_2 的得益）。一般情况下，π_2 会大于 f 与 F 之和，否则，煤矿企业也不会选择对地方政府进行寻租。假设 $\pi_2 > f + F$，在此条件下，不存在纯战略的纳什均衡。现求解混合战略的纳什均衡（见表 4－1）。

表 4－1　地方政府与煤矿企业的博弈矩阵

地方政府＼煤矿企业	寻　租	不寻租
监　督	$F + f - C,\ \pi_1 + \pi_2 - F - f$	$-C,\ \pi_1$
不监督	$f - \pi,\ \pi_1 + \pi_2 - F$	$-\pi,\ \pi_1 + \pi_2$

设地方政府对于煤矿企业进行监督的概率为 p，则不进行监督的概率为 $1-p$；煤矿企业对政府进行寻租的概率为 q，则不进行寻租的概率为 $1-q$。现对煤矿企业所作不同选择的期望收益进行分析。若给定 p 值，煤矿企业对地方政府进行寻租（$q=1$）和不进行寻租（$q=0$）时的期望收益分别为：

$$
\begin{aligned}
E_e(p,1) &= \pi_1 + \pi_2 - fp - F \\
E_e(p,0) &= \pi_1 + \pi_2 - \pi_2 p
\end{aligned}
\tag{4.7}
$$

解 $E_e(p,1) = E_e(p,0)$，可得 $p^* = \frac{F}{\pi_2 - f}$，即如果地方政府监督的概率大于$\frac{F}{\pi_2 - f}$，煤炭生产企业的最优选择是进行寻租；

如果地方政府监督的概率小于$\frac{F}{\pi_2 - f}$，则煤矿生产企业的最优选择是不进行寻租；如果地方政府监督的概率等于$\frac{F}{\pi_2 - f}$，则煤矿生产企业随机地选择寻租或者不寻租。

若在 q 值是给定的，地方政府选择对煤矿企业进行监督（$p=1$）和不进行监督（$p=0$）时，期望收益分别为：

$$\begin{aligned} E_G(1,\ q) &= Fq + fq - C \\ E_G(0,\ q) &= Fq - \pi \end{aligned} \tag{4.8}$$

解 $E_G(1,\ q) = E_G(0,\ q)$，可得 $q^* = \frac{C - \pi}{f}$，即如果煤矿企业寻租的概率小于，地方政府的最优选择是不监督煤矿企业；如果煤矿企业寻租的概率大于$\frac{C - \pi}{f}$，地方政府此时的最优选择策略是监督煤矿企业；如果煤矿企业寻租的概率等于$\frac{C - \pi}{f}$，则地方政府随机地选择监督或不监督煤矿企业。

因此，混合战略的纳什均衡是 $p^* = \frac{F}{\pi_2 - f}$，$q^* = \frac{C - \pi}{f}$，即地方政府的煤矿监督机构以$\frac{F}{\pi_2 - f}$的概率选择监督，而不达标的煤矿企业以$\frac{C - \pi}{f}$的概率选择寻租。地方政府在博弈中的纳什均衡值与煤矿企业的寻租成本 F、地方政府对煤矿企业的处罚金额 f，以及煤矿企业在正常安全投入下所能获得的收益 π_2 有直接的关系：在 $\pi_2 - f$ 一定的条件下，如果 p^* 越大，F 就会增大，即如果地方政府监督的概率增大，则意味着其监督力度增大，而随着监督力度增大必然使安全投入不达标的煤矿生产企业为了继续生产而加大其对政府的寻租额；如果 F 值与 π_2 值给定，f 会随着 p^* 的增大而增大，即地方政府的监督力度增强会使得其对煤矿企业的罚金增加。煤矿企业在博弈中的纳什均衡值与地方政府的监督成本 C、地方政府对企业的处罚额，以及煤矿企业本应进行的安全投资额 π_2 有直接的关系：在（$C-\pi$）一定的条件下，q^* 的值会随着 f 值的增加而减少，即地方政府对企业的处罚金额与煤矿企业进行寻租的概率是成反方向变化的；如果给定 f 值和 π 值，则 q^* 与 C 的变化方向相同，这是因为地方政府对煤矿企业的监督投入越大，监督力度就越大，煤矿企业为了得到相对较多的得益就会更多地选择对地方政府进行寻租；反之，如果地方政府对煤矿企业的监督投入较小，监督力度减小，煤矿企业对地方政府进行寻租的概率就不会很高。就中国目前情况而言，由于地方政府与煤矿企业关系复杂，加之中国现行财税政策的影响，导致地方财政收入直接与煤矿企业经济利益息息相关，所以地方政府与煤矿企业之间利益一体化的倾向十分严重。煤矿企业的寻租率远高于均衡值 q^*，相应的，地方政府对煤矿企业有效监督的概率小于原均衡概率 p^*，最终导致煤矿事故发生概率较高。

四　矿井安全绩效的实施：煤矿企业间的博弈

煤矿在选择生产经营模式时，要同时兼顾当前利益和长远利益，协调好企业利益和国家利益，处理好经济价值、社会价值、生态价值的关系，安全生产要持续稳定，安全绩效要不断提高。由于目前政府规制的不完善，实施矿井安全生产需要增加额外的费用，这使煤矿再导入大安全绩效观以后并不见得全面实施矿井安全生产，特别安全的外部性改善了企业的环境（包括生态、社会和消费），一些非安全矿井可能搭安全矿井的“便车”，更有甚者一些煤矿采取非理智行为，隐报或瞒报安全事故以取得政府的信任，这些都威胁着矿井的生存。所以，大安全绩效观的全方位实施是不同层次、不同经营理念的煤矿间随着博弈情境的改变多次博弈的结果。

1. 有关博弈情境的假设

博弈情境是指参与人在进行博弈时所面临的对手、信息和市场等有可能影响博弈结果的参数集合。煤矿也是多种多样的，现实的经济环境是复杂的，为了便于分析，对煤矿实施安全生产的博弈情境作如下假设。

（1）矿井安全实施的博弈只存在甲煤矿和乙煤矿；煤矿即是理性经济人，其目标是自身利益（效用）最大化；

（2）参与人在选择战略时，把其他参与人的战略当做给定，不考虑决策对他人决策的影响；

（3）矿井安全市场信息是完全的，政府不干预；

（4）甲、乙两煤矿间的博弈是静态博弈；

（5）甲、乙两煤矿经营同种商品（煤炭），在同一安全策略下，不同煤矿的煤炭价格、单位成本和成本随机增量相同；

（6）市场容量一定，但煤炭加工程度可能不一样，即对煤炭需求量一定，但对不同煤质（原煤和精煤）的需求程度不一样。

2. 矿井安全生产的博弈模型（魏明侠，2001）

设煤矿一个经营期间的利润为 Φ，煤炭销售量为 S，销售价格为 P，单位成本为 C，成本的随机增量（包括固定成本）为 ΔC，煤矿在安全环境条件下而获得的利润为 Φ_g，非安全环境条件下获得的利润为 Φ_n，则

煤矿一般利润模型为：

$$\Phi = SP - SC - \Delta VC \tag{4.9}$$

安全环境条件下的煤矿利润模型为：

$$\Phi_g = S_g P_g - S_g C - \Delta C_g \tag{4.10}$$

非安全环境条件下的煤矿利润模型为：

$$\Phi_n = S_n P_n - S_n C - \Delta C_n \tag{4.11}$$

P_g和 P_n分别表示安全环境条件下生产的煤炭和非安全环境条

件下生产的煤炭价格；ΔC_n表示煤矿非安全环境条件下可能随机增加的成本，如政府处罚、环境污染而引起的纠纷等，ΔC_g表示煤矿安全环境条件下时可能随机增加的成本，如生产工艺的改进，治理环境污染需要额外增加的成本，部分收益的外化等；S_g和S_n分别表示安全环境条件下的和不安全环境条件下的煤炭销售量。在安全环境条件下和非安全环境条件下生产煤炭的单位成本C是不同的，但可以把这种差异归入ΔC_n和ΔC_g，所以，在这两种生产条件下，煤炭的单位成本C可以看做是相同的。

根据上述假设，可建立甲、乙企业的实施安全生产的博弈模型。由假设（5）可得：

$$P_{甲n} = P_{乙n} = P_n \tag{4.12}$$

$$P_{甲g} = P_{乙g} = P_g \tag{4.13}$$

$$\Delta C_{甲n} = \Delta C_{乙n} = \Delta C_n \tag{4.14}$$

$$\Delta C_{甲g} = \Delta C_{乙g} = \Delta C_g \tag{4.15}$$

这里，$P_{甲g}$，$P_{乙g}$，$P_{甲n}$，$P_{乙n}$分别表示甲、乙煤矿实施和不实施安全环境生产时的煤炭价格。由假设（6）可得：

$$S_{甲n} + S_{乙n} = S_n \tag{4.16}$$

$$S_{甲g} + S_{乙g} = S_g \tag{4.17}$$

$$S_g < S_{甲g} + S_{乙n} < S_n \tag{4.18}$$

$$S_g < S_{甲n} + S_{乙g} < S_n \tag{4.19}$$

$S_{甲n}$，$S_{乙n}$分别表示甲、乙煤矿不实施安全环境生产时煤炭的销售量（或市场占有量），$S_{甲g}$，$S_{乙g}$分别表示甲、乙煤矿实施安全环境生产时煤炭的销售量（或市场占有量），S_g，S_n分别表示实施和不实施安全环境生产时的市场容量（假设两种情况下市场正好饱和）。

作为理性经济人，煤矿在决定是否实施安全环境生产时，总是最大化自己的效用，即是企业利润最大化，这是博弈双方决策的主要依据和基本原则。根据假设（3），可以认为甲、乙煤矿的行动是同时进行的，这种博弈属于完全信息博弈。甲、乙煤矿双方的战略空间、效用（支付）可用表4-2表示。

表4-2　甲乙煤矿的战略空间和效用

甲煤矿＼乙煤矿	实　施	不实施
实　施	$\Phi_{甲g/乙g}$，$\Phi_{乙g/甲g}$	$\Phi_{甲g/乙n}$，$\Phi_{乙n/甲g}$
不实施	$\Phi_{甲n/乙g}$，$\Phi_{乙g/甲n}$	$\Phi_{甲n/乙n}$，$\Phi_{乙n/甲n}$

矩阵中 $\Phi_{甲g/乙g}$，表示乙煤矿实施安全环境生产的条件下甲煤矿也实施安全环境生产时甲煤矿所获得的利润或效用，其他符号的经济含义可以类推。这就是甲、乙煤矿进行是否全面实施安全环境生产决策时的博弈模型，简称实施矿井安全生产的博弈模型。

结合企业利润函数模型对实施矿井安全生产博弈模型进一步分析，并讨论该模型在不同情况下的解。

（1）$\Phi_g > \Phi_n$时的解。当 $\Phi_g > \Phi_n$时，意味着

$$\Phi_{甲g/乙g} > \Phi_{甲n/乙n}$$

$$\Phi_{甲g/乙n} > \Phi_{甲n/乙n}$$

$$\Phi_{乙g/甲g} > \Phi_{乙n/甲g}$$

$$\Phi_{乙g/甲n} > \Phi_{乙n/甲n}$$

代入公式（4.10）、（4.11）的利润模型并结合公式（4.12）~（4.19）得：

$$S_g(P_g - C) - S_n(P_n - C) > \Delta C_g - \Delta C_n \tag{4.20}$$

这时，甲煤矿无论选择实施还是不实施，乙煤矿的最优战略都是实施；同理，甲煤矿的最优战略也是实施。所以，在这种条件下，上述博弈存在唯一的纳什均衡（实施，实施），这是一种典型的合作博弈，甲、乙煤矿效用增加的同时，矿井安全的外部性也增加了社会绩效，提高了整个社会的福利，所以，公式

（4.20）是这一博弈有稳定的、帕累托最优解的条件。

（2）$\Phi_g < \Phi_n$时的解。$\Phi_g < \Phi_n$时，意味着

$$\Phi_{甲g/乙g} < \Phi_{甲n/乙g}$$

$$\Phi_{甲g/乙n} < \Phi_{甲n/乙n}$$

$$\Phi_{乙g/甲g} < \Phi_{乙n/甲g}$$

$$\Phi_{乙g/甲n} < \Phi_{乙n/甲n}$$

代入公式（4.10）、（4.11）的利润模型并结合公式（4.12）~（4.19）得：

$$S_g(P_g - C) - S_n(P_n - C) < \Delta C_g - \Delta C_n \tag{4.21}$$

这时，甲煤矿无论选择实施还是不实施，乙煤矿的最优战略都是不实施；同理，甲煤矿的最优战略也是不实施。所以，在这种条件下，上述博弈存在唯一的纳什均衡（不实施，不实施），博弈双方陷入了“囚徒困境”，甲乙煤矿的相对效用不变，但绝对效用减少，同时，由于没有实施安全环境下的生产经营，也不可能提高了整个社会的福利，所以，这一解是不稳定的，也不是帕累托最优的，公式（4.21）是博弈双方陷入了“囚徒困境”的条件。

（3）其他情况的解。上面仅讨论了一般情况下博弈模型的解，现实中由于决策环境和博弈参数的复杂性和企业的多样化，也可能出现许多特殊情况。现举一例说明。

当甲乙煤矿实施和不实施安全环境生产所获得收益出现下述情况时：

$$\Phi_{甲g/乙g} > \Phi_{甲n/乙g}$$

$$\Phi_{甲g/乙n} < \Phi_{甲n/乙n}$$

$$\Phi_{乙g/甲g} < \Phi_{乙n/甲g}$$

$$\Phi_{乙g/甲n} > \Phi_{乙n/甲n}$$

这时，双方都没有占优战略。若乙煤矿实施时，甲煤矿的最优战略是实施，但与此（甲煤矿实施）相对应的是乙煤矿的选择

是不实施；对此（乙煤矿不实施），甲煤矿只能选择不实施，于是乙煤矿又只能选择实施。如此循环往复，双方利益始终不能达到一致，任何一个纯战略组合都有一个参与人可单独改变其战略，以获得更大的收益。因此，在这种条件下，双方博弈及其结果具有一定的随机性，甲、乙煤矿双方的最优战略是不定的，完全根据对方的战略选择而变化，该博弈不存在自动实现均衡性战略组合，即没有纯纳什均衡，属于完全信息中的混合战略问题。

假定该博弈存在最优混合战略，可以通过引入甲、乙煤矿的行动概率来求解其混合战略的纳什均衡。设甲煤矿的混合战略为（$r_{甲}$，$1-r_{甲}$），即甲煤矿以概率 $r_{甲}$ 实施安全生产，以（$1-r_{甲}$）的概率选择不实施，乙煤矿的混合战略为（$r_{乙}$，$1-r_{乙}$），即乙煤矿的概率 $r_{乙}$ 实施安全生产，以（$1-r_{乙}$）的概率选择不实施。那么，甲煤矿的期望效用函数为：

$$u_{甲}=r_{甲}[r_{乙}\Phi_{甲g/乙g}+(1-r_{乙})\Phi_{甲g/乙n}]+(1-r_{甲})[r_{乙}\Phi_{甲n/乙g}+(1-r_{乙})\Phi_{甲n/乙n}] \tag{4.22}$$

对上述效用函数求微分，得到甲煤矿生产策略最优化的一阶条件为：

$$\frac{\partial u_{甲}}{\partial r_{甲}}=[r_{乙}\Phi_{甲g/乙g}+(1-r_{乙})\Phi_{甲g/乙n}]-[r_{乙}\Phi_{甲n/乙g}+(1-r_{乙})\Phi_{甲n/乙n}]=0 \tag{4.23}$$

因此，

$$r_{乙}^{*}=\frac{\Phi_{甲g/乙n}-\Phi_{甲n/乙n}}{\Phi_{甲g/乙g}+\Phi_{甲n/乙n}-\Phi_{甲g/乙n}-\Phi_{甲n/乙g}}$$

上式说明，乙煤矿以 $r_{乙}^{*}$ 的概率实施安全生产，以（$1-r_{乙}^{*}$）的概率不实施安全生产。或者说，如果 $r_{乙}<r_{乙}^{*}$，甲煤矿选择不实施，如果 $r_{乙}>r_{乙}^{*}$，甲煤矿选择实施。

同理可得：

$$r_{甲}^{*} = \frac{\Phi_{乙g/甲n} - \Phi_{乙n/甲n}}{\Phi_{乙g/甲g} + \Phi_{乙n/甲n} - \Phi_{乙g/甲n} - \Phi_{乙n/甲g}}$$

上式说明，甲煤矿以 $r_{甲}^{*}$ 的概率实施安全生产，以（$1-r_{甲}^{*}$）的概率不实施安全生产。或者说，如果 $r_{甲}<r_{甲}^{*}$，乙煤矿选择不实施，如果 $r_{甲}>r_{甲}^{*}$，乙煤矿选择实施。

甲、乙煤矿的混合战略（$r_{甲}^{*}$，$r_{乙}^{*}$）构成了该博弈的混合战略纳什均衡。就是说，在均衡情况下，甲煤矿以 $r_{乙}^{*}$ 的概率选择实施，以（$1-r_{乙}^{*}$）的概率选择不实施；乙煤矿以 $r_{甲}^{*}$ 的概率选择实施，以（$1-r_{甲}^{*}$）的概率选择不实施。也可以从另一角度来理解，在整个煤炭市场上，同时有许多煤矿在生产，其中有 $r_{甲}^{*}$ 或 $r_{乙}^{*}$ 比例的煤矿实施安全生产，（$1-r_{甲}^{*}$）或（$1-r_{乙}^{*}$）比例的煤矿实施非安全生产。

还有一种情况是甲、乙煤矿中一方有占优战略，一方没有，如：

$$\Phi_{甲g/乙g} > \Phi_{甲n/乙g}$$
$$\Phi_{甲g/乙n} > \Phi_{甲n/乙n}$$
$$\Phi_{乙g/甲g} < \Phi_{乙n/甲g}$$
$$\Phi_{乙g/甲n} > \Phi_{乙n/甲n}$$

这时甲煤矿的占优战略是：实施安全环境生产，乙煤矿没有占优战略。乙煤矿的最优战略依赖于甲煤矿：如果甲煤矿选择实施，则乙煤矿的最优战略是不实施；反之，如果甲煤矿选择不实施，乙煤矿选择实施。

上述博弈的均衡解可应用“重复剔除严格劣战略”的方法求出。甲煤矿是理性的，肯定不选择不实施这一劣战略，不论乙煤矿选择什么战略，甲煤矿只会选择实施；乙煤矿也是理性的，能正确地预测到甲煤矿选择实施，那么，乙煤矿的最优选择只能是不实施。这样，（实施，不实施）是这种情况下博弈的唯一均衡解。

但这个解是不稳定的，因为它没有达到帕累托最优。现代煤矿有较强的学习功能和自组织机制，总是在不断地收集信息、学习、自我调整，当乙煤矿经过研究、学习发现实施安全生产有利可图时，它会逐渐调整自己的战略，选择实施。所以随着决策条件情境的变化，（实施，不实施）这一解也逐步向（实施，实施）这一帕累托解逼近。

3. 博弈模型的分析

实施安全生产的博弈模型分析表明：无论矿井安全环境能为社会增加多大的福利，在短期内，作为经济人的煤矿总是从自身利润最大化的角度出发做出是否实施安全生产的决策。公式(4.20)、(4.21）表明：当矿井实施安全生产为企业增加的成本大于不实施矿井安全生产的增加成本时，则企业选择不实施；反之，企业选择实施。上述分析的政策意义为：

（1）市场里煤矿之间就安全生产活动进行的博弈可能是无序的，往往考虑的仅是企业自身的短期利益，政府必须发挥宏观调控的作用来影响博弈的结果，或者作为博弈的一方参与博弈。

（2）实际中，煤矿间的博弈结果更复杂，政府必须通过立法、税收和政策等法律和经济杠杆的作用来引导企业博弈活动，使企业博弈的结果向帕累托解逼近。

（3）在安全氛围成熟的条件下，上述博弈变成多个企业分享安全氛围的问题，这就演绎成为“公共资源”的博弈与管理问题。

五　矿井安全博弈模型的推广

以上对矿井安全的博弈分析是建立在多个假设的基础上，放宽不同假设将得到不同的博弈结果：实际中使用该模型进行分析时，只需利用利润模型计算出相应的利润即可。

以上的博弈方仅为两个经济主体，这是对现实的抽象与简化，现实中参与博弈的是多经济主体，相应的处理方法是：既可把多个煤矿划分为实施安全生产和不实施安全生产两类企业来进行分析，也可以把上述模型推广到多个经济主体间的博弈。

以上的讨论是将 Φ_g、Φ_n或者企业作为“黑箱”来处理，更深入的分析是将“黑箱”“灰化”或者“白化”，将企业利润模型分解来探讨销售量、销售价格和单位成本等因素对各经济主体间博弈的影响，或者企业内部实现安全的机理。

社会的制约对煤矿的决策行为是至关重要的，因此也可以建立“企业—社会”的博弈模型。

实际中，煤矿的决策行为是若干因素影响的，煤矿安全的博弈实际上是企业与企业、企业与矿工、企业与社会、企业和政府间的博弈。

第三节　矿井安全绩效的表现

矿井安全的准公共产品性和外部经济性对整个社会福利产生难以估量的影响，这种影响是把“双刃剑”，一方面协调的矿井安全绩效使得矿井经济绩效、生态绩效和社会绩效产生良好的正外部性，它确实能改进社会的福利。另一方面如果没有政府的宏观调控，在安全市场不成熟的条件下，常常有可能导致一种非帕累托资源配置，出现一种典型的“囚徒困境”，可能出现矿井安全绩效的逆向选择，经济绩效、生态绩效与社会绩效不能协调发展。在此运用福利经济学等经济学理论，从社会福利的角度和博弈逆向选择的角度来分析矿井安全绩效的表现。

一　福利经济学理论简析

福利经济学是西方微观经济学的主要流派。它以主观价值论为基础，研究经济活动或政策对于社会福利的影响，从而为经济政策提供理论依据。其主要论题是研究生产资源配置与收入分配的最适度条件，以此来判断经济活动是否符合社会效益。它有别于其他学派的主要特征是把实证研究的分析方法与伦理评价结合起来，成为一种规范经济学。它的一般理论可分为20世纪20年代庇古福利经济学和30年代发展起来的新福利经济学。

1. 庇古对福利经济学的贡献

1920年，庇古完成了被后人称为福利经济学开山之作的《福利经济学》，其本人也被誉为“福利经济学之父”。庇古福利经济学对福利经济学发展的贡献主要体现在：

（1）基于边际效用价值论，提出了一套相对完整的福利概念及评价体系。

（2）将经济福利计量方法与马歇尔国民收入理论有机结合，确立了用国民收入大小表示社会经济福利总水平的关系。

（3）指出“收入均等化”有利于提高社会整体福利水平。

（4）将马歇尔（1890）的外部经济理论应用于社会福利问题研究。

庇古提出了增加经济福利的两种途径：一是适度配置生产资源，使国民总产量增加；二是把富人的一部分收入转移给穷人，使收入分配“均等化”。资源适度配置的准则是要求生产资源的边际私人纯产值等于其边际社会纯产值；如果不等，就意味着资源没有适度配置。而妨碍适度配置的因素主要有企业外部的经济与不经济的影响和企业内部的厂商之间的相互影响。庇古的这一论述构成了至今还流行的外部经济论（厉以宁、吴易风、李懿，1984）。

庇古福利经济学所依据的基数效用论被罗宾斯、帕累托、希克斯等经济学家质疑和否定，并由此创立新福利经济学体系，庇古福利经济学从此被称为旧福利经济学。

2. 新福利经济学的贡献

新福利经济学对福利经济学的主要贡献在于引入新的研究方法和工具，对旧福利经济学的命题进行了更深刻的解析、论证和批判（方福前，1994）。

（1）序数效用论、无差异曲线与福利经济学新理论框架的建立。

（2）帕累托最优标准与一般均衡理论的提出。

（3）帕累托补偿原则与社会福利增进问题研究。

（4）社会福利函数与阿罗不可能定理。

新福利经济学在当时西方经济学界引起很大兴趣。其主要论点为补偿原则论和社会福利函数论。前者以卡尔多、希克斯、雪托夫斯基为代表，后者以柏格森、萨缪尔森为代表。

近年来，福利经济理论出现了不少变化。柏格森的社会福利函数论仍占主导地位，但受到不少质疑和修正。继而出现了社会选择论、社会决定论和自由主义福利经济学等。在理论分析工具方面，希克斯—萨缪尔森与阿鲁—德布鲁的一般均衡论成为福利经济学的基本分析工具。后来，又出现了在社会福利函数论基础上构造的基数福利函数论、动态经济学分析等新的发展趋势。

面对日益严峻的资源、环境和发展等问题，人们全面反思工业化以来社会经济发展的经验教训，达成共识：过去不顾资源基础和环境承载力而单纯追求经济增长的传统发展模式，已不能适应当前和未来人类生存和发展的需要，必须努力找到一条社会、经济、环境、资源相互协调的发展新模式。可持续发展是社会最终福利最大化方式，矿井大安全绩效发展观的实施即经济绩效、生态绩效与社会绩效协调发展则是煤炭工业发展的唯一现实选择。

二　矿井安全福利分析

1. 福利分析

福利是一个比较模糊的概念，这是因为它容易和收入、财富等概念混淆。收入仅指一个人在一特定时期所挣得的货币数量；财富是一个范围较大的概念，是指个人在特定时期所获得的全部商品和劳务，既包括有形的商品和无形的劳务，也包括私人产品和公共产品。收入和财富是客观的概念，福利则含有主观的成分，指个人需要的满足程度，可以说是收入、财富和生活环境等给人带来的效用。可见，福利是一个较宽泛的概念，具有以下特性。

（1）主观性和客观性的结合，福利的基础是客观的收入、财富等，但不同人对相同的客观事物的主观感受是不同的，因此，相同的收入和财富给不同的人带来的福利可能是不同的。

（2）相对性，即使同一人在不同情况下对同一客观事物的主观感受也可能不相同。

（3）福利是正负效用之和，正效用是指能够满足人类需求的商品、劳务、闲暇所带来的愉悦，负效用是取得这些商品、劳务等所需的成本以及由他人的活动所引致的成本。

这里讨论的主要是个人福利，可用其得到的效用表示：

$$u_i = u_i(x_i) \tag{4.24}$$

x_i代表个人消费的第 i 项商品、劳务、付出的成本或得到的闲暇等。

而社会福利可以被定义为：所有个人的共同福利，也就是所有个人福利之和。不同福利经济学派对社会福利函数有不同的表述。

伯格森学派（伯格森、萨缪尔森），从个人福利出，定义的福利函数为：

$$w = w(u_1, u_2, \cdots, u_n) = w(z_1, z_2, \cdots, z_n) \tag{4.25}$$

u_1，u_2，u_n分别代表第 1，2，n 个人的福利，z_1，z_2，z_n代表影响社会福利的变量，如社会消费的商品、劳务、成员的工作努力等。这个函数是社会福利的一般表述。

庇古学派（庇古、边泌）认为社会福利是个福利或效用的总和。即有：

$$w = u_1 + u_2 + \cdots + u_n \tag{4.26}$$

罗尔斯 1971 年给出了社会福利函数的另一个具体化描述，认为社会福利是由社会处境最差的人决定的，即

$$w = \min\{u_1, u_2, \cdots, u_n\} \tag{4.27}$$

2. 矿井安全福利分析

根据矿井安全和福利的概念，矿井安全福利可以被定义为：矿井安全生产这种活动所带来的效用或者所引致的相关福利的变化。从这一定义可以看出，研究矿井安全福利一般有两种思路：其一是分析矿井安全对企业、社会所带来的收益、劳务、环境的变化，以及相关主体对这些变化的主观感受，可见，这既包含客观方面的也包括主观方面的，在对矿井安全福利进行评价时，无论是指标体系的建立，还是指标值的确定，指标权重的把握，评价方法的筛选，都应考虑到这方面的影响；其二是作为影响社会福利函数的一种变量来研究矿井安全活动对社会福利函数的影响，或者社会福利函数的变化对矿井安全活动的要求，伯格森学派的社会福利函数原则上将任何一种与社会福利有关的变量都纳入社会福利函数之中，如犯罪统计、受教育年限、天气数据等，毫无疑问，与其他变量相比，矿井安全对其影响可能更大，因为矿井安全活动具有外部经济性和准公共产品的性质，其影响更深、更广。矿井安全福利具有潜在性，也受社会公众、企业等主体的偏好影响，矿井安全福利是复杂的，有多种不同的表现。

3. 矿井安全福利的表现

福利经济学不仅关注社会价值的分配，而且关注由此带来的社会收益和社会成本的问题，从这一点看，矿井安全福利表现为既有正的方面，也有负的方面，也就是对不同主体带来的既有正效用，也有负效用。但矿井安全其总的、长远的效用是正的。矿井安全福利主要表现在对企业、社会和环境的影响上。

矿井安全对企业效用影响表现在两个方面：一是对企业自身

效用的影响上，正的效用包括更有效地配置了企业的经济资源，提高了企业的商誉，很好地处理了企业、社会、生态的关系，有利于企业的持续经营等正的效用；负的效用包括安全的进程与强化过程中所增加的成本，如生产设备和工艺的安全转换，企业的管理与培训等。二是对其他企业的影响，正的效用包括对其他企业的示范效应，矿井安全的关联效用；负的效用涉及煤炭生产成本的增加，提高了企业准入市场的“门槛”等。

对社会福利的影响包括降低或消除了安全事故，社会进一步稳定；降低了污染，为社会营造出一种友好的生态环境等。值得注意的是，矿井安全是增加还是减少社会福利，不仅决定于矿井安全活动本身，还强烈地依赖于社会活动个体或团体的收入、文化层次、教育背景、所处环境、生活偏好与观念的差异所造成的对上述变化的不同感受。另外每一个社会活动个体或团体的偏好是变化的，因此矿井安全带来的社会福利具有动态性。目前，尽管还不能确切知道社会活动个体或团体对矿井安全活动及其结果主观感受的具体情况，但可以预见，随着社会的发展，社会活动个体或团体对矿井安全的偏好必然会越来越大，所以，从长远看，矿井安全将提高社会福利。

矿井安全活动是一种对环境友好的生产活动，对生态环境的友好性表现在整个矿井安全活动中，能减少污染，提高资源利用率，促进生态环境的和谐、持续发展；对社会环境的友好性表现在提高企业对社会的承诺水准，弘扬健康的社会文化，促进公序良俗的形成，倡导文明、科学的生产，推动社会的文明进步。可以说这是矿井安全的环境福利，这种福利的深远意义在于不仅能提高生活于其中人们的福利水平，而且能促进人、社会、自然的和谐、统一，推动社会的可持续发展。

这里讨论的主要是矿井安全带来的正效用，其产生的根本原因在于矿井安全的外部经济性和准公用品性。

三　矿井安全的“逆向选择”

逆向选择说自美国经济学家乔治·阿克劳夫的论文《柠檬市场：质量不确定性的市场机制》（1970），以著名的旧车市场模型（Lemons Model）阐释了这一重要理论。在旧车市场上，逆向选择问题是：卖者知道车的真实质量，买者不知道，只知道车的平均质量并据此确定支付价格，这样，质量高出平均水平的卖者就会退出交易，只有低质量的卖者进入市场。结果旧车市场上车的质量不断下降，价格进一步降低，质量高的旧车被逐了市场。可见，逆向选择问题来自交易双方对车的质量信息的不对称。

由于信息不对称是市场中普遍存在的基本事实，因而乔治·阿克劳夫的旧车市场模型具有普遍经济学分析价值。他讲的故事虽然是旧车市场，但可以延伸到其他市场，也能解释为什么非安全煤矿充斥整个煤炭行业是因为政府和煤矿的信息不对称，煤矿隐藏了安全信息。逆向选择的理论也说明如果不能建立一个有效的机制遏制煤矿事故的发生，就会产生煤矿事故的连带性，形成“劣币驱良币”的后果。

1. 矿井安全的“逆向选择”

（1）矿井安全“逆向选择”的概念。在矿井安全中也存在这种类似旧车市场模型的逆向选择问题。

矿井安全的博弈分析和福利经济学分析研究了既定条件下（如信息对称）的矿井安全行为及其对社会福利和经济效益的影响机理和影响结果。但是，这种既定条件只是一种假设，现实中的市场是复杂的，信息往往是不对称的；这种条件下，矿井安全对社会福利和帕累托的改进是有限的。因为在非对称信息条件下，实施安全生产的煤矿和没有实施安全生产的煤矿的博弈，矿井安全和虚假矿井安全的博弈，其结果是：非安全煤矿将安全煤矿挤出市场，安全氛围低迷，安全市场萎缩，市场上充斥大量的非安全煤矿，安全煤矿可能暂时退出这一博弈，甚至非安全煤矿挤垮安全煤矿，并损害社会效率，降低社会福利的情况，可称之为矿井安全的“逆向选择”。

（2）矿井安全的“逆向选择”形成：信息不对称。

对于煤炭的生产经营活动，煤矿和社会双方往往拥有不完全相同的信息，煤矿拥有充分的生产经营信息而社会拥有的信息要少一些。这一现象在信息经济学中称为信息不对称。由此就会出现社会公众和政府只能根据其所掌握的大众信息来评价煤矿安全生产状况和煤炭产业的安全程度，由于信息环节多，自我意识强、社会系统意识弱、法律意识弱，结果是安全煤矿很有可能得不到补偿反而受到平民化待遇，非安全煤矿却悠悠法外甚至优惠多多，致使安全煤矿退出市场，而非安全煤矿大量冲击市场。这就是矿井安全中“逆向选择”问题形成的基本原理，可用一个简单的模型进一步说明（张守一，1985；王国成、黄韬，1996）。

模型的基本假设为：

①假设我们考察的是一个仅由安全煤矿经营者、非安全煤矿经营者和社会公众组成的市场或社会。非安全煤矿经营者按安全生产进行宣传，甚至隐瞒安全事实进行欺骗社会公众；

②市场各主体对安全信息是不对称的，即每一个供给者（经营者）清楚地知道自己安全状况，而社会公众却不知道煤矿是否安全，而只知道安全煤矿、非安全煤矿的概率分布；

③市场参与者都是风险中性；

④安全煤矿的边际效用高于非矿井安全煤矿的边际效用；

⑤对市场上同类煤矿，无论其安全性如何，其需求弹性相同；

根据上述假设，可建立非对称信息条件下的安全煤矿和非安全煤矿需求供给模型（见图 4－2）。

由假设④，对于安全煤矿，社会公众根据它较高的效用 U_g 决定对它的需求，如图 4－2 中需求曲线 D_g 所示；对于非安全煤矿，社会公众根据它较低的效用 U_n 决定对它的需求，如图 4－2 中需

求曲线 D_n 所示。根据假设①和②，由于非安全煤矿冒充安全煤矿进行宣传，加上信息的不对称性，所以，市场上矿井安全的供给曲线应是安全煤矿的供给曲线，如图 4－2 的供给曲线 S 所示。如果市场信息是完全对称的，社会公众能判别出安全煤矿和非安全煤矿，则对其评价值分别为 P_g 和 P_n。但是，由假设②，社会公众并不能分辨两类煤矿，而只知道安全煤矿、非安全煤矿的概率分布，假如其概率分别为 e 和（$1-e$），则由假设③，社会公众一般根据这一概率估计一个安全煤矿的预期效用（或实际效用）U_e 和预期（或实际）需求曲线 D_e，并由此决定实际需求。E_g，Q_g，P_g 分别代表安全煤矿的市场均衡点及其数量和评价值，E_n，Q_n，P_n 分别代表非安全煤矿的市场均衡点及其数量和评价值，E_e，Q_e，P_e 分别代表期望的（或实际的）市场均衡点及其数量和评价值。

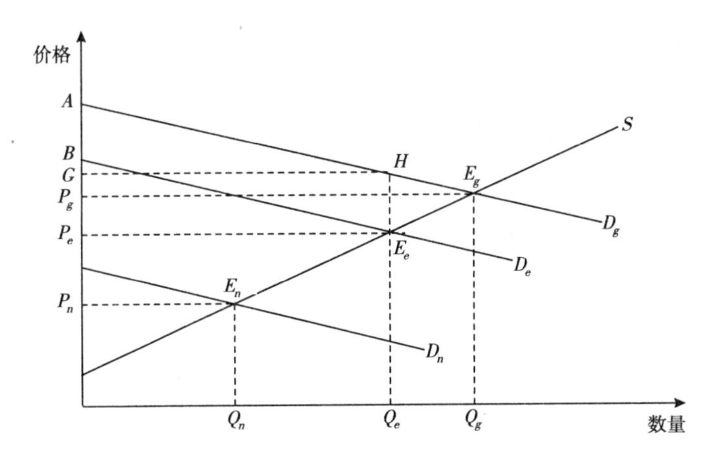

图 4－2　非对称信息条件下的安全煤矿和非安全煤矿需求供给模型

设 g，n 分别为安全煤矿和非安全煤矿的供给量，由假设④得出：

$$\frac{\partial U_g}{\partial g} > \frac{\partial U_n}{\partial n} \tag{4.28}$$

社会公众对一个安全煤矿的预期效用和评价值分别为：

$$U_e = eU_g + (1 - e) U_n \tag{4.29}$$

$$P_e = eP_g + (1 - e) P_n \tag{4.30}$$

其中，$0 < e < 1$。P_e仍是暂时的，它将会变化，为信息不对称条件下的短期均衡值。

在短期均衡值为 P_e时，两类经营者获得的利润是不一样的，这将进一步导致评价值 P_e的变化。假设两类生产者所在行业的正常利润率为 r，安全煤矿的生产成本为 C_g，非安全煤矿的生产总成本为 C_n，一般情况下，安全煤矿的生产成本高于非安全煤矿的生产成本，则有

$$C_g > C_n \tag{4.31}$$

在完全竞争的条件下应有

$$P_g = C_g(1 + r) \tag{4.32}$$

$$P_n = C_n(1 + r) \tag{4.33}$$

由公式（4.25），（4.27），（4.28）有：

$$P_e = [eC_g + (1 - e) C_n](1 + r) \tag{4.34}$$

因此，安全煤矿的利润率为：

$$r_g = \frac{P_e - C_g}{C_g} = r - (1 + r)(1 - e)\left(\frac{C_g - C_n}{C_g}\right) < r \tag{4.35}$$

而非安全煤矿的利润率为：

$$r_n = \frac{P_e - C_n}{C_n} = r + (1 + r)e\left(\frac{C_g - C_n}{C_g}\right) > r \tag{4.36}$$

由此可以发现，安全煤矿的利润率低于正常利润率，而非安全煤矿的利润率却高于正常利润率，这样一来，非安全煤矿经营者却获得了暴利。于是，信息不对称问题导致生产中的逆向选择：生产者选择非安全生产而放弃安全生产，这又使市场中安全煤矿的比例下降而非安全煤矿的比例上升。从（4.30）式可以看

到 e 的减小导致安全煤矿的利润率进一步下降，这反过来又加剧生产中的逆向选择和市场中选择的逆向淘汰，生产中的逆向选择和 e 的减小相互加强，直到 e 减小到零为止。这时市场上安全煤矿被挤走，达到非安全煤矿的均衡即图 4－2 中的 E_n 点，这就是信息不对称条件下的长期均衡：安全煤矿全部被驱逐出市场，非安全煤矿泛滥。

2. 矿井安全绩效扭曲：对社会福利的影响

矿井安全绩效扭曲主要是指非安全煤矿效用增加，而安全煤矿和社会公众效用受到严重损害，整个社会福利下降。因此，矿井安全绩效扭曲可用矿井安全“逆向选择”对社会福利的影响来表示（魏明侠、司胜林，2005）。这可分三个方面来讨论：一是，对安全煤矿福利的影响，二是，对社会公众福利的影响，三是，对非安全煤矿的影响。

（1）对安全煤矿福利的影响。

安全煤矿、非安全煤矿和社会公众之间的博弈是一个动态的过程，随着博弈情景的变化，如社会公众安全意识的提高，政府对非安全煤矿的管制和惩罚力度的加大，信息不对称程度的变化等，三者之间的博弈要反复进行，博弈结果不断变化。因此，实际中经常存在的经济均衡并不是信息不对称条件下的长期均衡，而是短期的暂时均衡，如图 4－2 中 E_e 点所示。非安全生产煤矿对安全煤矿福利的损害至少可分为三部分，用安全煤矿所遭受的损失来衡量。

①非安全煤矿降低了安全煤矿的利润率使安全煤矿蒙受的利润损失。

根据（4.30），（4.31）式，可计算得安全煤矿销售单位煤炭所损失的利润：

$$\Delta\Phi_g = C_g(r - r_g) = (1 + r)(1 - e)(C_g - C_n) \tag{4.37}$$

这里，e 是市场中安全煤矿所占的比率，$(1-e)$ 是市场中非安全煤矿所占的比率，则有

$$e = g/(g+n) \tag{4.38}$$

$$1-e = n/(g+n) \tag{4.39}$$

这样，安全煤矿的这部分损失利润为：

$$\Phi_{g1} = g \times \Delta\Phi_g = g(1+r)\frac{n}{g+n}(C_g - C_n) \tag{4.40}$$

对非安全煤矿而言，销售单位产品所赚取的超常利润：

$$\Delta\Phi_n = C_n(r_n - r) = (1+r)e(C_g - C_n) \tag{4.41}$$

对非安全煤矿赚取的超常利润为：

$$\Phi_n = n \times \Delta\Phi_n = n\ (1+r)\ \frac{g}{g+n}\ (C_g - C_n) \tag{4.42}$$

显而易见，$\Phi_{g1} = \Phi_n$。也就是说，非安全煤矿赚取的超常利润正是安全煤矿因利润率降低所受的损失。

②非安全煤矿侵占安全市场份额使安全生产者蒙受的利润损失。

非安全煤矿假冒安全煤矿侵占其市场份额为 n，这给安全煤矿造成利润损失为：

$$\Phi_{g2} = nC_g r。$$

③非安全煤矿损害安全煤矿声誉使其蒙受的利润损失。

因煤矿非安全的扩散性，也使得安全煤矿的声誉受到损坏，商誉降低，从而使其生产者的利润减少。在图 4-2 中，非安全煤矿使得安全煤矿的市场容量由 Q_g 下降到 Q_e，减少了 $\Delta Q = Q_g - Q_e$。设其供给弹性为 ε，则市场容量的下降为：

$$\Delta Q = \varepsilon\left(\frac{Q_e}{P_e}\right)\Delta P \tag{4.43}$$

其中

$$\Delta P = P_g - P_e = (1+r)(1-e)(C_g - C_n) \tag{4.44}$$

$$Q_e = g + n \tag{4.45}$$

则安全煤矿所损失的这部分利润为：

$$\Phi_{g3} = \Delta QC_g r = \varepsilon\left(\frac{Q_e}{P_e}\right)\Delta PC_g r \tag{4.46}$$

由①②③可得安全煤矿所受的总的损失为：

$$\begin{aligned}\Phi_g &= \Phi_{g1} + \Phi_{g2} + \Phi_{g3} \\ &= g(1+r)(1-e)(C_g - C_n) + nC_g r \\ &\quad + \varepsilon\left(\frac{g+n}{P_e}\right)(1+r)(1-e)(C_g - C_n)C_g r\end{aligned} \tag{4.47}$$

（2）对社会公众福利的影响。

非安全煤矿对社会公众福利的影响包括经济方面的和非经济方面如生态环境的破坏和精神愉悦的减少等。这里仅讨论非安全煤矿给社会公众造成的经济损失，经济方面的损失一般以消费者剩余的变化来衡量。

由假设⑤知：图 4－2 中的三条需求曲线是平行的。根据消费者剩余的有关理论，社会公众的消费剩余损失为：

$$\Phi_s = S_{\Delta AP_gE_g} - S_{\Delta BP_eE_e} \tag{4.48}$$

其中 $S_{\Delta AP_gE_g}$，$S_{\Delta BP_eE_e}$分别为三角形 AP_gE_g和三角形 BP_eE_e的面积。从图 4－2 中可以看出：三角形 BP_eE_e与三角形 AGH 的面积相等，社会公众的消费剩余损失为梯形 GHE_gP_g的面积。估计这一面积的关键是估计梯形 G 和 P_g的高，设其需求弹性为 η，则由图 4－2：

$$\eta = \frac{\Delta Q}{Q}/\frac{\Delta P}{P} = \frac{Q_g - Q_e}{Q_g}/\frac{GP_g}{P_g} \tag{4.49}$$

则

$$GP_g = \frac{1}{\eta}\left(\frac{P_g}{Q_g}(Q_g - Q_e)\right) \tag{4.50}$$

社会公众的消费剩余损失为：

$$\Phi_s = S_{梯形GHE_gP_g} = \frac{1}{2}（Q_g + Q_e）GP_g = \frac{1}{2\eta}\frac{P_g}{Q_g}（Q_g^2 - Q_n^2） \qquad (4.51)$$

（3）对非安全煤矿自身的影响。

矿井安全的“逆向选择”对自身的影响可以用非安全煤矿获得的总利润 Φ_n^t 表示。

$$\Phi_n^t = nC_nr_n = nC_nr + n（1+r）e（C_g - C_n） \qquad (4.52)$$

显然，$n(1+r)e(C_g - C_n)$ 为安全煤矿获得的超额利润，nC_nr 为非安全煤矿获得的正常利润。

因此，矿井安全的“逆向选择”对社会福利的影响为（$\Phi_g + \Phi_s - \Phi_n^t$），可以容易验证（$\Phi_g + \Phi_s - \Phi_n^t$）$> 0$，$\Phi g + \Phi s > \Phi g > \Phi_n^t$，社会福利总的来说是下降的，非安全煤矿获得的总利润大大小于其社会成本（$\Phi_g + \Phi_s$），它造成巨大的外部负效应。

3. 矿井安全绩效扭曲的矫正措施

目前我国市场上仍有少数生产者假借安全之名而进行非安全生产，混淆是非，加重了市场信息的不对称性，导致非安全煤矿泛滥。因此，必须对矿井安全的“逆向选择”问题进行有效地治理，以矫正矿井安全绩效。

（1）完善信息传递机制，减少信息的不对称性。

矿井安全中的“逆向选择”问题的重要根源是信息的不对称性，因此，建议完善信息传递机制，减少信息的不对称性。政府加强市场的建设，规范市场，提高市场的透明度；安全煤矿应通过新闻媒介等向社会传递更多安全信息，缓解市场中的信息不对称问题。

（2）提高社会公众的鉴别能力，减少信息的不对称。

社会公众对矿井安全的鉴别能力低下也能加重信息的不对称性，因此要加大安全文化、安全生产的宣传和教育力度，提高社会公众的安全意识和对矿井安全的鉴别能力，以减少信息的不对称性。

（3）奖罚并举，规范经营者的行为。

治理矿井安全中的“逆向选择”问题，除了减少信息的不对称性外，还要奖罚并举，规范经营者的行为。非安全生产者的目的是追求经济效益，所以对其经济处罚不失为一种有效的方法，但关键是处罚的力度大小。根据本节的分析，可将非安全生产者的社会成本作为处罚的下限，加大处罚力度。除合理确定处罚力度外，还有一个重要的问题就是如何及时准确地发现非安全生产煤矿。除政府主管部门定期和不定期检查外，重要的是调动社会公众的监督积极性和共管氛围。

第五章　矿井安全绩效内部实现

实现矿井安全绩效内部的影响因素众多、纵横关系错综复杂，但基于动态环境相匹配的企业组织特性、能力结构乃是形成矿井安全绩效的内在本质因素。本章根据 Teece（1897）的动态能力框架构建出基于安全绩效的企业动态能力框架；通过对组织特性、能力结构组成要素的关系分析，明晰了组织特性、能力结构和矿井安全绩效的因果关系；建立了组织特性、能力结构和安全绩效的关系模型。这对变化环境中的矿井安全绩效的内部实现机制具有一定的解释作用，为矿井安全绩效的控制与改善提供了分析依据。

第一节　基于安全绩效的企业动态能力结构

一　基于安全绩效的企业动态能力结构

在一个快速变化的环境中，煤矿的动态能力具有非常重要和关键的作用，是矿井安全绩效的本质所在，是煤矿持续竞争优势的来源。而在 Teece 的动态能力结构中（见图 5－1），其动态能力的概念是模糊的，其中包含具有静态属性的协调能力。这种协调能力是一种零阶的能力，确切地讲是属于惯例的范畴，而动态能力是一组关于变化和选择的高阶能力。已经有学者对这个问题进行了专门阐述，认为动态能力是一种高阶的能力，是需要支付成本的能力，与缄默性的惯例具有本质区别（Winter，2003）。

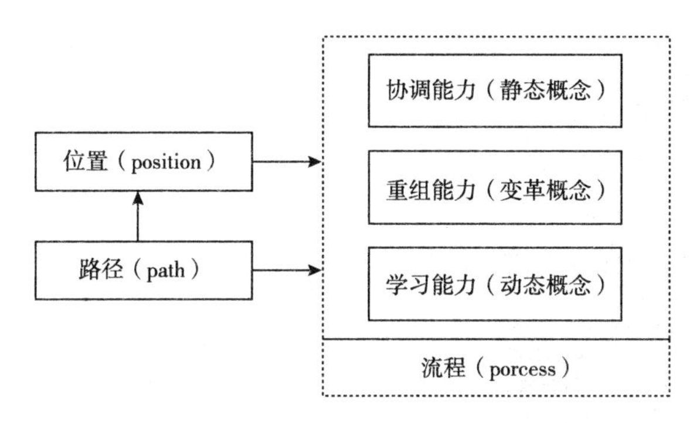

图 5－1　Teece 的动态能力结构

在此研究基础上，结合煤炭生产企业实践活动的特点，本书提出了基于安全绩效的矿井动态能力结构（见图 5－2）。

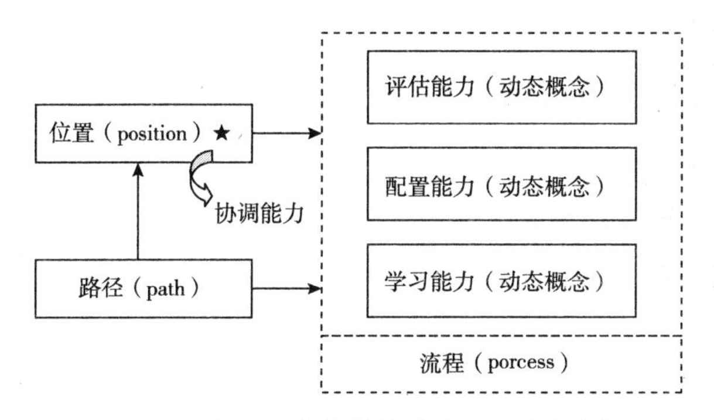

图 5－2　基于安全绩效的动态匹配能力结构

在这个结构中，协调能力作为煤炭企业所必有的一种固有属性的能力，被归入企业的位置条件。重组能力在 Teece 的动态能力结构中，被定义为具有变革概念的能力，笔者认为其本质也是一种动态属性的能力，并且着重将企业的重组能力分解为评估能力和配置能力，从而使得能力组合中的动态属性更加清晰。另外，在动态匹配能力模型中继续引用 Teece 的“学习能力”因素。评估能力、配置能力和学习能力，共同构成企业在变化环境中进行动态匹配的能力组合。

在建立新的动态匹配能力整体模型的基础上，这里进一步进行深入和细化，进一步说明组织特性、能力结构和安全绩效的逻辑关系（见图5-3）。从企业“位置”条件中抽取关键的组织特性，包括企业家素养、执行效率、抱负水平与合作状态，同时引出安全绩效，并结合煤炭生产企业的特点，以经济性、生态性和社会性等关键指标来描述矿井安全绩效。

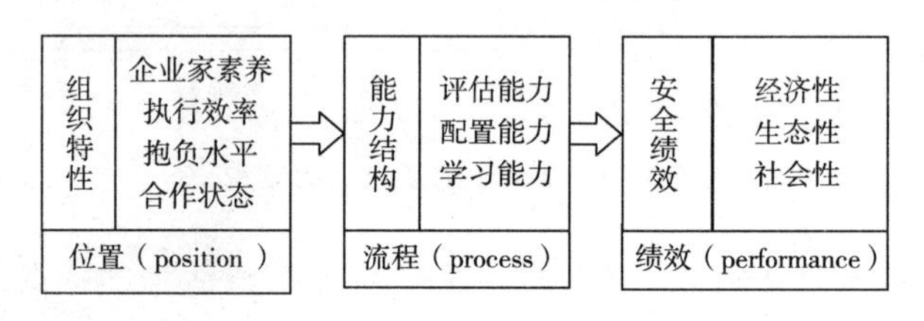

图5-3　组织特性、能力结构和安全绩效

二　组织特性、能力结构因素分析

1. 组织特性

有效的动态能力和持续的安全绩效必然需要日常的组织行为来支持，这些组织行为的效果好坏、效率的高低又和其组织特性密切相关。这里主要基于前面的理论分析和讨论，拟从“企业家素养”、“抱负水平”、“执行效率”、“合作状态”四个方面对煤矿组织特性进行分析。

（1）企业家素养。

介于市场与组织之间的企业家将同时履行着多种职能，他必须具备一种综合素质。一要拥有统领全局把握未来的战略眼光；二要具有挖掘市场价值的能力；三要充当资源整合管理的角色；四要协调好企业内外环境；五要承担社会风险和责任。正是在企业家及其组建的组织共同作用下，最终才尽可能地减少生产经营过程中的各种风险，同时实现了煤矿的可持续发展。

（2）抱负水平。

煤矿的动态匹配过程和安全绩效的提升过程，实际上就是一个自我改变和提高的过程，需要有一定的动力来进行推动。这种动力来自煤矿自身的发展抱负，也就是煤矿对自身的高期望值，主要以其本身的价值观来衡量（如经济观、生态观、社会观等）。高度的抱负，将有助于提高煤矿对外部环境的敏感和协同性，同时也促使煤矿对自身条件进行深入的分析和改进，自觉提高矿井的大安全绩效意识。影响抱负水平的因素非常多，根据来源不同，基本可以分为两类。一类是来自于企业内部的影响，一类是来自于企业外部的刺激。Winter（2000）列举了许多影响抱负水平因素，比如：企业在建立业务时的初始成功，对维持企业抱负水平有帮助作用；企业能够保底的业绩表现、其他样板的作用等都能对企业的抱负水平产生正向作用；企业的需求、计划和目标，也能支持企业的抱负水平；企业的相关成功经验，他人的经验能够对抱负水平产生影响；学习的成本与收益的对比，战略意图的延伸，机会窗口的出现等都会对企业的抱负水平产生作用。当抱负水平被实现时，企业处于满意状态，而有可能停止显性的学习。重新启动学习的动力，来自于很多方面，比如对危机反应和持续改进、标杆管理机制、国家政策等。

（3）执行效率。

执行效率是对矿井内部协调性的表征，也是企业的一个重要属性。再好的安全战略、安全环境、安全政策、安全制度，如果矿井本身执行效率差，安全绩效也仅仅纸上谈兵。执行效率是企业安全运行体系的关键评估指标。因此，这里将执行效率也作为重要变量放入组织特性中。

（4）合作状态。

合作状态是指煤矿与外界相关机构合作关系的状态。在一个竞争日益加剧的环境中，煤矿间的合作已经成为企业重要优势来源。合作关系对煤矿安全组织能力发展产生非常大的影响，主要体现在资源共享和学习促进两个方面。“在资源共享方面，由于企业之间合作的动机、方式和投入资源的不同，许多资源（如合同、诀窍、管理建议等）无法用市场价格衡量，合作的结果通常具有无形性，难以完全量化。”（Anders，2001）这种资源共享关系是难以通过纯粹的市场交易关系来完成的。而合作关系恰恰提供这样一个互惠互利的平台。外部安全资源的分享和相互学习对于企业安全管理是至关重要的，因煤矿资源的稀缺性和事故的破坏性，煤矿的安全管理更需要“借鉴经验”而不是“亲身体验”。在学习促进方面，Hamel & Prahalad（1994）指出合作与合伙关系是组织学习的载体，能够帮助组织发现失调的惯例、发现战略盲点。从动态角度讲，合作关系发展过程中，其学习也会呈现动态性特征，在不同的阶段，企业之间的信任关系不同，对关系维护的资源投入也不一样，企业之间的学习深度和模式也有所不同。

企业家素养是煤矿发展、安全绩效提升的先导；抱负水平是煤矿安全绩效提升的动力机制；执行效率体现煤炭企业当前内在流程的畅通性，是安全绩效提升的重要保证；而合作状态体现煤矿内外联系的协调状况，是矿井安全绩效的信息源。这些实际上都构成了煤矿当前位置的重要基础，也相对完整地表达了与动态匹配能力有关的组织特性中的关键要素。

2. 能力结构

煤矿为了实现自身条件与外部环境的动态匹配，保证安全绩效持续提高，需要具有动态管理的能力，也就是通常所谓的“动态能力”。在“动态能力”的研究中，有两种基本的观点，一种是指狭义的动态能力，也就是说专门管理能力变化的能力：另一种是指广义的动态能力，这种观点认为，能力（包括一般能力和动态能力）本身具有自身成长的周期，纯粹的“动态能力管理”是有成本的。笔者认为，很多情况下能力的动态变化是在自身能力发展和高阶能力的共同推动下来完成。所以，这里“动态能力”的概念，是指煤矿适应动态内外部环境变化，进行动态匹配的能力，这种能力可以是高阶的变革创新能力，也可以是融合在日常的应急活动的改善能力中，但是不管其层次如何，其基本特性是一致的，即通过具体的动作来实现内外环境之间有效的动态匹配，来实现煤矿的安全生产。这个动态匹配能力包括评估能力、配置能力和学习能力三个部分。

（1）评估能力。

有效的评估能力是把握机会、实现安全生产的重要基础。这种评估能力包括两个方面，一是感知力，煤矿应该能够感知内外部环境的变化，能够对企业所面临的潜在危机和自身资源条件进行识别和分析；二是判断力，煤矿应该能够判断自己所面临的机会和威胁，并结合自身条件做出正确的选择，保证企业的安全生产，实现经济绩效、生态绩效和社会绩效的有效统一。

（2）配置能力。

配置能力是指煤矿根据战略分析，整合各种内外部资源，从而建立企业安全生产竞争优势的能力。一方面煤矿需要充分利用现有资源、并发现自身的潜在资源，保证企业安全生产的稳定性；另一方面煤矿在自身资源不足的情况，要能够依托自身的核心资源、杠杆效应整合外部资源，保证企业安全生产的持续性。在战略管理中，通常认为战略与组织是密切联系的，战略实现需要组织支持，组织需要战略引导。结合这种思路，在战略配置中不同研究学者有不同的观点，可以总结为两类：一类是“战略决定能力”，即根据战略意图来组合配置能力资源，这种能力资源通常会超过企业目前已经拥有的资源条件，需要通过“动态不平衡增长”（Itami，1987）来实现其意图；另一类是“能力决定战略”，即根据企业现有的资源条件，来确定自己的战略方向和定位。在现实情况中，两种模式通常会交织在一起，不同的煤矿或者煤矿的不同发展阶段，其模式的特点都会有所不同。但是可以明确的是，煤矿所能够配置的资源不仅包括当前企业内部的资源，同时包括企业外部的资源。能够有效地整合这些资源，确保矿井安全绩效的提升，体现了煤矿的资源配置能力。

（3）学习能力。

在一个动态的安全环境中，静态的资源组合并不能构成持续的安全优势，煤矿应该需要通过学习，协调所配置的各种资源和能力，并且不断创新和发展其安全能力。在动态匹配过程中，学习能力至少包括三个层面的内容：积累性学习、协调性学习、转型性学习。积累性学习，是指煤矿应不断吸收和积累新的知识，知识存量不断增加的过程。协调性学习，是指煤矿通过内部的不断学习改进，从而提高组织流程之间（矿井内外、井上井下等）的协调程度，实际上是一个知识的消化吸收、显性知识隐性化的过程。转型性学习，是指煤矿通过创新的学习，扬弃原来的一些不适应安全生产和发展要求的组织知识，形成适应新的环境的知识结构。

矿井的安全绩效来源于企业自身的组织能力与环境机会之间的动态匹配，这种动态匹配需要专门的管理，尤其是在环境变化比较大的情况下，更是如此。

第二节　组织特性、能力结构和绩效表现的相互关系

一　组织特性与能力结构之间的相互关系

根据 Teece 的动态能力理论，矿井安全绩效的内在动力是由煤矿当前所处的位置（Position）、以往发展路径（Path）以及组织管理流程（Process）组成。对于动态匹配的过程来说，其组织特性实际上就体现了煤矿的当前位置和组织的惯性；这些组织特性会对煤矿的动态安全绩效产生影响，以下对这些影响机制进行研究分析（见图 5－4）。

1. 组织特性内部的相互关系

笔者从大安全绩效观的角度来研究矿井安全绩效，在实施的过程中就需要具有战略眼光高素养的企业家去把握煤炭企业的持续稳定和谐发展。在整个组织特性中企业家素养是本，直接影响

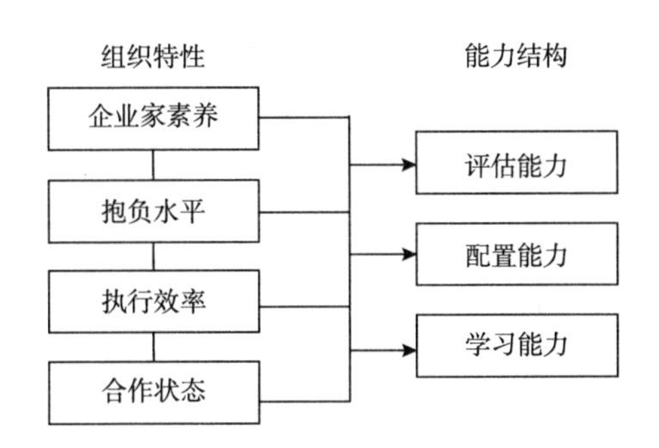

图 5－4　组织特性与能力结构之间的相互关系

了企业的抱负水平、执行效率、合作状态。

煤矿的可持续发展需要有一定的推动力，而煤矿自身抱负所起到的就是这种推动作用。煤矿只有在对其现状存在着一定程度不满意的情况下（譬如煤矿经济效益、社会效益、生态效益等），才会有兴趣去进行改变。如果煤矿对自身状态非常满意，那么它就没有必要进行动态的调整了。这种不满意是相对于期望值而言的，而不是与其他煤矿对比的直接结果。比如，当企业在某些方面领先于其他煤矿时，它同样有可能对自己的安全绩效不满意，因为它希望做得更好；而当企业落后于其他煤矿时，它同样有可能满意于自己的安全绩效，因为它的实际表现已经超过它的预期值，它并不关心自己与对手之间的当前差距。只有当企业对自身表现不满意，并希望进行改变的时候，其抱负水平才得以体现。企业抱负来自于企业对自身现状的不满意。抱负水平与煤矿安全能力结构相互关联，抱负水平是煤矿安全动力的驱动因素。

在一个动态环境中，关起门不顾外界变化、自己苦思冥想是没有价值的，而且会对煤矿的生存发展产生不利的影响。煤矿需要到外部、到市场中去寻找差距、找不足、找灵感。而良好的合作关系能够让企业获得更多的优质信息和借鉴经验，所以客观上，一个高抱负的煤矿具有内在动力去寻求外部的良好合作关系。由于高抱负水平的存在，煤矿通常能够承受暂时的不如意，能够在合作过程中基于长远适当让利，也能够愿意去理解一些偶然的事件。这种由高抱负水平所支持的长远观点和宽容度，使得煤矿与外部的合作关系更加牢固和深入，并且具有承受外界变化的弹性能力。由于煤矿自身的赋存资源有限，尤其是在一个变化环境中，单个煤矿的煤炭资源不可能适应所有机会要求，这个时候客观上就形成对合作关系的依赖。另外，煤矿在发展过程中，为了维持高抱负水平，一方面需要敏锐地感知各种危机和机会，另一方面也需要通过寻找标杆来主动建立高抱负水平，而良好的合作关系正好为煤矿寻找标杆、学习标杆提供了支持。高抱负水平的煤矿，往往具有比较高的战略意图，而这种战略意图往往与实际资源之间存在缺口，而良好的合作关系正好能够填补这个缺口，从而实现对高抱负水平的支持。甚至由于有了合作伙伴支持和帮助，煤矿实际上具有了更好的资源平台，从而刺激企业产生更大的抱负。此外，合作关系也对煤矿的抱负水平的底线产生支持作用，由于煤矿之间的相似性与可借鉴性，其他煤矿的成功，能够帮助本企业建立和强化信心，用具有可参照的对照物来评估自己的安全绩效水平，从而产生更加客观的自我评估和自信。在稳定的合作关系下，企业的绩效、抗风险能力、环境适应力和社会适应力都会有所提高。煤矿通过合作关系，不断获得新的信息，产生新的发展动力，形成新的安全决策境界。总之，高抱负水平刺激煤矿去建立和维护良好的合作关系，而良好的合作关系又反过来支持高抱负水平，两者之间具有正向的相关性。

煤矿的执行效率来自两个方面，一方面是通过不断学习，使企业能力不断提高，执行的正确性和可靠性不断提高，同时流程的各个环节越来越默契，原来的显性知识不断被消化吸收，而形成惯例，这就进一步降低流程的协调成本和差错率，从而提高整体的执行效率；另一方面在企业的决策执行过程中，难免会出现各种客观或主观原因造成的偏差，这就需要有反馈控制机制来保证，当发现错误时及时纠正。这两方面的工作都需要有一定的动力来推动，而企业的高抱负水平就是一种非常有效的动力机制，当企业处于高抱负状态时，它会更加乐意去学习消化知识，更加愿意去监控进程、矫正错误。因此高抱负水平对执行效率有一定的支持作用。当企业的执行效率比较高的时候，企业决策执行能力也相应提高，从而为企业带来更多的信心，刺激了企业的高抱负水平，提高了企业的安全生产能力。同时由于具有比较高的执行效率，企业的管理者就有了更多的时间和精力去考虑发展问题，考虑问题更系统、更全面、更具有可持续性，矿井安全绩效就更有保证了，因而也就能够引发出更高的抱负水平。所以，归纳起来讲，抱负水平和执行效率是具有正向的关联关系。

煤矿的执行效率所描述的是企业的内部状态，而企业的合作关系描述的企业的外部状态。一个执行效率高的煤矿，对于外部合作者具有一定的吸引力，而合作关系又反过来要求企业具有比较高的执行效率。因此两者之间有可能存在正相关关系。

2. 组织特性与评估能力的相互关系

在煤矿的安全绩效管理过程中，企业的评估能力是企业接受自身和外界信息，对自身资源条件和外部的环境变化进行评估，识别潜在的安全危机和自身优势，并进行战略选择。这就要求企业具有对外界环境变化的敏感，并处于一种积极的状态。这种状态的先导是企业家，良好的企业家素养能够形成具有核心作用的企业家精神，而优秀的企业家精神能够形成良好的企业文化，而良好的企业文化能够带动企业形成求真务实的工作作风，使企业的评估更科学，企业的发展更协同更持续。抱负水平是煤矿对自身的期望值，当煤矿的抱负水平降低时，企业通常没有足够动力和勇气去检视以往行为，生产管理得过且过，安全绩效可高可低，缺乏环境意识和社会意识。当抱负水平高于实际表现的时候，企业就会处于一种焦虑状态，从而积极寻找机会来释放这些焦虑，表现在企业的实际管理活动中，当矿井预定的战略目标（经济效益、生态效益、社会效益的个体目标和协同目标等）没有实现时，高层管理者会重新思考其制定战略时所依据的假设，比如对环境机会的判断是否准确，是否忽略了一些重要的战略线索，是否偏离了自己的发展目标等。企业会通过内部会议、外部交流、同行对比等形式，去分析原因，排除战略盲点。当煤矿处于满意状态，其抱负水平会比较低，当实际状态与期望状态比较接近时，由于缺乏推动力，煤矿处于一种惯性运行的状态。而事实上，煤矿所处的环境是在不断变化的，其中的机会和威胁也在不断变化（如煤炭资源的有限性、煤矿安全生产规制的严格性、周边环境的约束性等），一个对这些变化比较麻木的煤矿，显然会逐步落后于形势，丧失其原有的优势，以至于失去存在价值。在一个相对静态的环境中，由于外界变化不大，企业通常是被动地响应外部变化和危机，而把比较多的精力放在内部的日常运行，也就是通常所说的“依事而动”的变革模式。这种模式的成本比较低，但是其对外界的敏感度也会比较低，其发展比较被动，发展后劲不足；即使煤矿生产比较安全，而一旦融入市场，从大安全观的高度去分析，它的发展就有可能缺乏可持续性了，也就不安全了。一个优秀的煤矿会采取所谓“依时而动”的模式，也就是定期对组织和环境进行分析和检验，去积极发现各种变化。这种“依时而动”的模式实际上就是通过时间间隔的节奏管理，使煤矿不时的对自己及其所处环境的进行反省，从而始终保持与整个经济环境、生态环境和社会环境发展节奏的一致。不管是主动刺激，还是被动响应，煤矿都需要一种相对比较高的抱负水平，来维持其对环境变化的适应。煤矿的抱负水平越高，其对评估能力的投入也就越大，对外界的评估强度和频率也会相应地提高，才能最大限度地实现矿井经济绩效、社会绩效与生态绩效的协调发展。抱负水平对评估能力产生正向影响。良好的合作关系是指企业具有广泛的外部联系和合作，企业与合作伙伴之间具有持久的、深度的、稳定的和相互支持的关系。这种关系的存在，使得企业能够从外部获得比较多的信息和良好的合作关系，延长煤炭的产品链，减少环境的破坏，维持生态平衡。举个例子讲，兖州矿业集团拟定战略，在“十五”期间对现有的煤和非煤产业进行业务重组及价值链重构，归纳起来就是建立“三条主链加一条辅链”，即“煤炭生产、煤炭化工、电解铝业”主价值链和“后勤实业”价值辅链，彼此间独立运作但又互相支撑，实现优势互补，建立了资源共享平台，实现了主链企业与辅链企业之间物质的、资金的、信息的、人才的、时间的、管理的共享交换（见图5－5）。打造出了综合性的具有国际竞争力的煤炭企业，基本实现了煤炭企业的可持续发展。

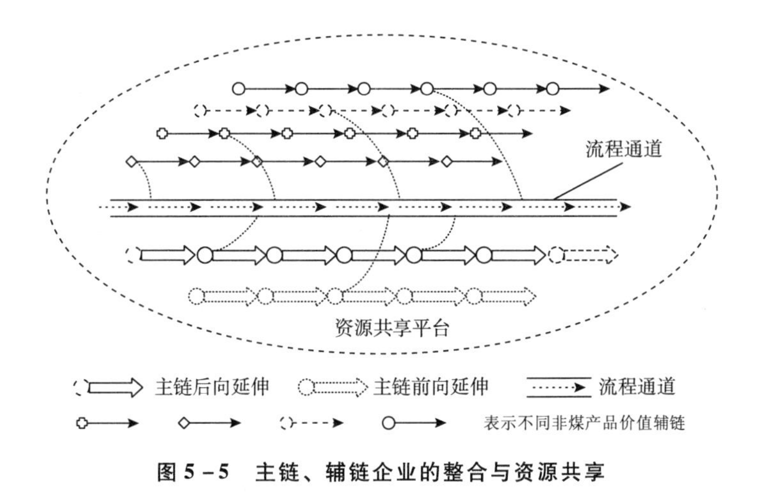

图5－5　主链、辅链企业的整合与资源共享

资料来源：〔美〕迈克尔·波特：《竞争战略》，陈小悦译，华夏出版社，1997。

现在许多学者，包括国内和国外的，都对企业集群产生浓厚的研究兴趣，大量的研究文献都显示了一个基本事实，就是集群内部的成员能够获得更加丰富和准确的市场信息，实现资源的共享，扩展企业的生存空间，延长企业的生命周期。而实际上，企业集群就是企业之间基于地缘、业缘、血缘等建立起来的具有良好合作关系的群体。比较丰富的信息，使得企业在进行内外情况评估的时候能够更加客观和符合实际情况，同时企业也可以借鉴其他企业的经验，对自己的决策结果进行比较可靠的预先估计。事实上，由于合作的企业往往具有相似性和相关性，一个企业成功或失败的经验，往往会对另一个企业产生比较大的影响。这种基于类似情况的比较方法，比一般单纯的分析成本要低，而且更加可靠。聪明的企业可以进一步在别人经验的基础上进一步延伸，而发现更加适合自己的机会。同时由于合作关系的存在，企业的行为具有一定的参照系，这就可以避免企业发生偏差比较大的行为，防止安全事故的重复出现，这在客观上降低了决策风险。通过外部的合作关系也能帮助企业更加客观地评估自己，并且除了自身以外，企业实际上还具有了相对比较客观的、善意的其他机构（合作伙伴）对自己的评价和建议，从而能够更加明了自己的优势和劣势。总之，良好的合作状态将对煤矿的评估能力产生正向的影响。

煤矿的执行效率与煤矿在安全管理过程的评估能力之间并不存在明显的相互关系。从某种意义上讲，战略只有在被执行过程中，才能发现是否存在问题。但这并不说明执行效率与评估能力之间存在因果关系和相关关系。当一个企业执行效率非常高，它同样有可能是盲目的，正在沿着一个错误的方向前进。这实际上与我们在管理课程中经常强调的“效率”和“效果”之间的问题是一脉相承的，一个企业高效率地做一件事情，未必就是一件正确的事情，也许是高效率地做着一件错误的事。而评估能力是确保企业做正确事情的能力。所以执行效率与评估能力之间不存在直接的因果关系。

3. 组织特性与配置能力的相互关系

仅仅是战略评估和选择是不够，如果缺乏相应的资源，企业就好比“巧妇难为无米之炊”，是难以有所作为的。而企业的资源配置，需要将资源进行不同于原来状态的获取、扬弃和组合。企业配置资源的形式包括建立一个新的企业或部门、重组一个老部门；企业配置资源的范围包括组织内部和组织外部；企业配置资源的性质包括潜在的资源和现实的资源。而且在一个动态环境中，企业希望以一种“快速、低成本和有效”的方式来完成配置，这就对企业的动态配置能力提出了要求。例如，为了确保煤矿的经济绩效、生态绩效和环境绩效的协调发展，当建立一个新的企业或部门的时候，由于资源本身的流动是需要成本的，企业需要通过具体的努力（如搜寻、比较、说服、引导和谈判等），来实现资源的组合到位。当企业重组一个老的部门的时候，需要克服原来的路径依赖，改变原来的习惯、惯例，对遗留问题进行妥善安置，以使煤矿在发展过程中经济绩效、社会绩效与生态绩效相统一。因此在整个的资源配置过程中，资源是基础，没有资源就谈不上企业家素养的高低、抱负水平的高低、执行效率的高低，煤矿的健康发展是不可能实现的。如果有实际的资源条件作保证，高水平的企业家素养、抱负愿望、执行效率就能大大提高资源利用的深度和广度，自然也就影响企业的动态配置能力。

煤矿良好的对外合作状态，为企业的配置能力起到支持作用。在一个动态匹配过程中，煤矿是否已经具备某种资源并不是最重要的问题，因为在快速动态发展的过程中，煤矿不可能、也没有必要具备所有的资源，煤矿可以通过整合资源来实现必要的资源组合，煤矿制胜的关键在于能够以比其他煤矿更加有效、快速和低成本地完成这个配置过程。企业良好的合作状态，使得企业能够在更大的范围内进行资源组合，一方面提高了灵活性，另一方面也可能通过杠杆作用进一步放大了企业现有资源的价值。良好的合作关系对配置能力的支持是多方面的，除了前面的这些作用，具体来讲，还有很多。比如，由于良好矿际关系存在，企业双方能够比较清楚地了解各自的资源禀赋和发展环境，为了进一步降低自己的运营成本，双方可以配置闲置资源或使用对方利用效率不高的资源，或形成某一产业链的上下游环节或组成动态联盟，实现共赢。由于一定的相互信任基础存在，使得双方之间的资源组合模式比较灵活，从而能够适应各种复杂多变的情况；由于多种合作关系的存在，使得煤矿能够通过依托合作的价值创造网络，在不需要对自己做太大调整，而只是调整业务合作关系的方式来完成对环境变化的适应；由于合作关系的存在，使得煤矿能够在资源不完全充分的情况下，实现非均衡发展，比较好地实现新环境、新业务与新绩效的开发和培育。总之，良好的外部合作对煤矿提高资源配置的广度、深度和安全绩效是有明显的支撑作用，良好的周边环境和合作状态对煤矿的配置能力和安全绩效起正向的影响作用。

4. 组织特性与学习能力的相互关系

企业家素养与企业的学习能力直接相联系。良好的企业家素养是形成良好企业家精神的基础，而企业家精神在某种程度上体现了企业的文化建设，而企业文化则是企业发展的历史沉淀，是一种氛围，是一组习惯的总和（彼得·圣吉，1998）。良好的企业家精神能够建立其良好的学习型组织，形成良好的学习氛围。因此煤矿的抱负水平直接与学习能力相关。根据满意原则，当煤矿对自身状态不满意的时候，会通过主动学习来试图改变现状。煤矿的学习，可以是显性的学习，也可以是隐性的学习。显性的学习，一般通过专门的形式来完成，比如培训、讨论、研究和实验等，这种过程需要企业投入专门的资源来完成，也是企业增加知识、改变认知的重要方法，其实质是一个变革的过程。煤矿在安全绩效管理过程中，由于环境的变化和企业自身资源配置的变化，需要通过这种学习方式来完成变革后的矿工对企业发展观念的新认识，让大家树立煤炭企业生产的大安全观和科学发展观。否则，如果没有这种学习方式的推动，企业就难以改变原来的思维模式和工作习惯，也就难以有效适应变化，以致仅仅局限于煤矿本身的发展，忽视和周围环境的协同。隐性学习通常是在日常潜移默化的过程中完成，实际上是一个知识消化、隐性化的过程，其结果是逐步形成习惯性的动作，最终内化为企业的惯例。这实际上是一种协调性和默契逐步形成的过程。显然，没有企业家精神的引导，企业就很难形成学习的氛围；没有抱负水平的刺激，企业内部难以激发出主动的显性学习，也难以完成自身的主动变革，企业会在一种惯例模式中运行。在一个动态环境中，煤矿的安全绩效管理过程实际上是一个不断调整的过程，在这个过程的学习中通常需要显性的、变革性的学习。因此，企业家素养、企业的抱负水平对企业动态匹配过程中的学习能力起正向的影响作用。

良好的合作关系，使得煤矿能够从外部机构中获得有益的思想和经验，在消化吸收的同时，启发企业结合自身的实际情况，产生更多更好的科学发展思想。合作关系使得煤矿能够获得在一般的竞争条件难以获得的业务经验，从而使得自身的综合能力得到迅速提升。在良好的合作关系中，通过学习，煤矿能够比较好地跟随社会共同发展，实现与社会发展的同步，实现煤矿经济效益、社会效益与生态效益的协同发展。在企业间的合作过程中，处于不同环境背景的员工，相互合作，密切沟通，使得员工的学习能力迅速提高，产生交叉优势，产生互补优势。由于煤矿之间业务的相关性、相似性存在，使得企业在讨论业务决策具有可借鉴的案例，不管是失败案例、还是成功案例都会对企业具有启发作用。当企业内部员工与外部机构的成员构成团队进行合作的时候，实际上是将煤矿内部的团队模式向企业间的团队模式进行扩展，在这个扩展过程中，企业通过高频率的交往过程，不断传递经验和知识，在相互模仿、交流和对比的基础上，煤矿的大安全意识和学习能力都能够迅速提高。由于将学习的范围从企业内部扩展到企业外部，煤矿管理者在决策过程中，实际上面临更多、更加复杂的选择，这就使得在决策过程中让更多人参与成为一种必要，而这种决策参与恰恰就是一种重要的学习过程和学习能力提高的过程，员工更加愿意发表见解，企业的学习范围也随之扩大。只有企业的认知同社会的实际情况和动态变化特性契合，才能切实使得煤矿更能有效地实施经济绩效、环境绩效和社会绩效的协同。所以良好的合作关系对煤矿的学习能力产生正向的影响。

通常理论研究和实践证明，企业的学习能力有助于提高企业适应变化、吸收知识、提高技能从而提高企业的执行效率。那么企业现有的执行效率是否反过来支持学习能力呢？从逻辑和实践经验看，这种支持关系并不成立。比如一个高效率运行的企业，可能只是严格训练后的机器，未必具有强的学习能力。学习的发生，需要相应的心智模式、开放的心态、积极的讨论和充分的交流等，而这些未必是一个高效率运行的企业所具有的。因此，执行效率的高低并不对学习能力产生大的影响。

二　能力结构与安全绩效表现之间的相互关系

煤矿的能力结构要素直接影响其绩效表现。在一个动态的环境中，动态匹配能力结构的各个要素能力都会发挥其特定的作用，从而导致煤矿的经济绩效、社会绩效和生态绩效同步提升。其逻辑关系如图 5－6 所示。

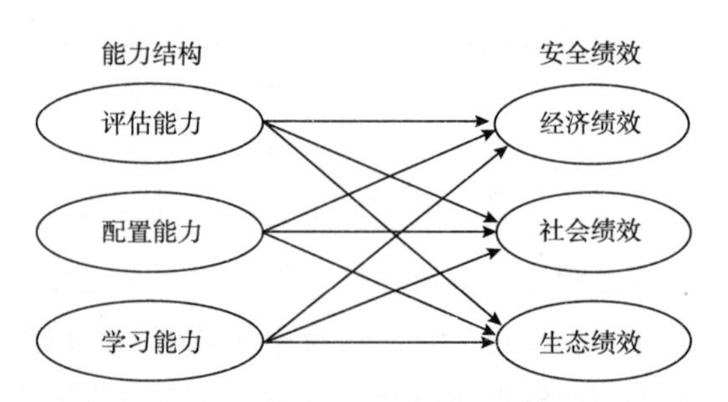

图 5－6　能力结构与绩效表现之间的相互关系

1. 评估能力对安全绩效的影响

（1）评估能力对经济绩效的影响。经济绩效是指企业获得利润的多少，体现了企业在某个时间点或阶段中的竞争优势。良好的评估能力能够帮助发现机会，从而在某一时点获得超过竞争对手的盈利。尤其在动态的环境中，机会的价值更加明显。当企业的状态比较接近，而市场又在快速变化的时候，企业把握适当的机会是非常关键，许多企业由于没有及时把握机会而落伍，并最终被淘汰出局。但是把握一次机会，并不意味着可以高枕无忧了。事实上，最终的幸存者和成功者总是少数。应该看到，在一个竞争激烈的环境中，靠自然增长是有限的，通常需要策略性地进行市场培育，作为资源有限的煤矿表现尤其突出，无论是煤矿现有业务的策略性发展，还是新业务的开发（如非煤产业的发展），都需要企业具有良好的对外部环境和自身条件评估分析的能力，并基于这种评估做出正确的选择。也就是说企业的评估能力对企业的经济绩效提供支持。评估能力能够帮助企业较早发现机会，从而较早或在恰当的时机首先进入市场，从而获得领先者优势；同时评估能力可以帮助企业更好地理解自身资源和潜在优势，以及外部可能获得的资源，从而帮助企业获得更加有效的扩张。

（2）评估能力对社会绩效的影响。目前学术界关于企业社会绩效的定义很多，但尚无定论。从总体上看，企业社会绩效的评价有两种模式，即过程模式和结果模式。Wood（1991）采用过程模式，将企业社会绩效定义为：“是包括企业社会责任、社会反应的过程、企业政策、与利益相关者关系等要素的总体轮廓”。随着利益相关者理论日渐盛行，理论界认为利益相关者理论是理解企业社会关系结构和纬度的关键，并对企业社会绩效的利益相关者评价模式达成共识。Wood 和 Jones（1995）提出了评价企业社会绩效的结果模式，强调企业社会绩效是内部利益相关者、外部利益相关者和外部制度影响的结果，利益相关者设置了企业行为规范，感知企业行为，并对企业行为做出评价。研究认为结果模式相对丰富与直观（见图 5－7）。

由图 5－7 可以看出，影响矿井社会绩效的因素很多，彼此联系也很密切，而强而有力的企业评估能力，可以在不同时段比较全面评价企业对相关利益者的贡献程度，发现问题和不足，避免市场变化时带来业绩的波动，使得煤矿融入社会之中，协同可持续发展。

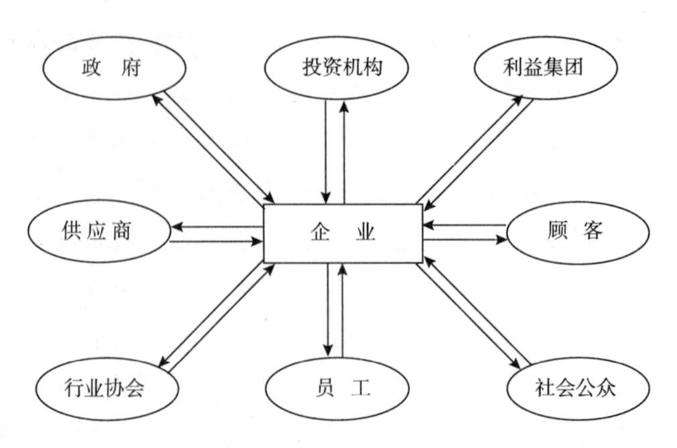

图 5-7　利益相关者模式下的企业社会绩效表现

(3) 评估能力对生态绩效的影响。生态绩效指人们在防治环境污染、减少生态破坏、改善环境质量方面所取得的成绩。矿井生态绩效就是通过约束或调整煤矿的行为，控制企业活动对生态环境产生的不利影响，并取得积极的成果。随着生态环境的日益恶化，生态资源的稀缺性和商品性逐渐显露出来，不再简单作为公共物品了，原来由社会承担的环境成本被逐渐不同程度地内部化了，也成为企业生产成本的重要组成部分，企业的发展已经不那么容易通过转嫁生产外部成本的方式获得。如何科学评估煤矿的生态行为越来越显得重要了，因为它直接引导了煤矿的发展方向，直接影响了矿井生态绩效的好坏。评估内容主要包括以下几个方面。一是内部系统评估。包括环境审计和环境行为奖惩两方面。其中对企业整体评估主要是环境计划的制订和执行状况、生态绩效量化标准的制定和考核等。对企业生态功能的评估包括环境设计（绿色设计）、矿井服务年限评价、全面质量环境管理（TQEM）等。环境审计结果要和奖惩措施结合起来，从而对煤矿生态行为起到引导作用。二是内部遵守评估。评估企业内部遵守环境法及其他相关环境法规的情况，避免或杜绝因未达标而遭受的罚款，遵守环境法规。三是外部影响评估。评估煤矿对外部环境的影响，如水资源的破坏与污染情况，污染物排放量对环境产生的影响程度（主要来自矿井排风、煤层瓦斯抽放和煤矸石自然所产生的甲烷、二氧化硫、二氧化碳、一氧化碳等有毒有害气体），煤炭资源的利用及消耗状况，环境噪音以及植被的破坏等。

2. 配置能力对安全绩效的影响

（1）配置能力对经济绩效的影响。良好的配置能力使得煤矿能够以更低的成本，获得协调资源，并建立资源组合，从而使得煤矿在一开始就比别的企业具有更好的成本优势，这种成本优势一方面可以直接提高业务的盈利性，另一方面由于竞争优势的存在，煤矿可以获得更多的业务机会和市场份额，从而使得企业成本进一步降低、业务进一步扩大，最终推动盈利性的提高。良好的配置能力，也使得煤矿在价值链的培育中处于有利地位，并在利益分配中获得比较好的份额。良好的配置能力还能够帮助煤矿以比较低的成本和风险孵化来新业务，一方面实现新业务的增长，另一方面也确保现有主业的安全性，从而实现煤与非煤产业的同向发展，实现企业的可持续性。另外，有效的配置使得企业能够在自身资源不完全具备的情况下共享其他企业资源而使自己进入市场，占据市场先机，获得超额利润。但是在一个动态的环境中，竞争之间的模仿时常发生良好的配置能力往往只能帮助企业获得最初的盈利性，而当后期缺乏运营能力的支持时，其利润水平会迅速被平均化。

（2）配置能力对社会绩效的影响。社会绩效体现了一个企业的经营理念，所以，要想提高矿井的社会绩效，就应该着力提高企业家的经营境界和企业员工的工作素养，注意企业文化的建设，给大家树立一个我为人人、人人为我的社会服务意识，建立一个良好的奉献环境。不要单纯依靠外在有形资源的重组，而没有自身“内生服务奉献资源”的培育和引导，不要只站在自己立场上去理解“可持续发展的涵义”，缺乏全局意识和社会意识，这样将导致煤矿发展不平衡，企业经济绩效、社会绩效和生态绩效不能协同发展，发展后劲不足，这样煤矿可能在长远的竞争演化过程中最终失去市场位置，甚至被社会淘汰。总之，企业配置能力的高低，影响了有形资源带动“内生服务奉献资源”的成长速度，也影响了企业对社会绩效的贡献大小。

（3）配置能力对生态绩效的影响。生态绩效与生态管理活动密切相关，而企业管理的过程就是资源有效配置的过程。煤矿的生态管理活动是指在其生产经营过程中充分考虑环境因素，它涵盖了煤炭的整个生产加工运输利用过程。生态绩效不仅体现了“从摇篮到坟墓”的煤炭生产过程，而且增添了“从摇篮到新摇篮”的循环经济新理念。生态绩效成为煤矿新的竞争优势，而资源的有效配置对生态绩效的提升至关重要。生态绩效一般表现为企业的非财务绩效形态，包括环境意识、道德责任、环境文化、绿色技能、员工培训直至生态显现等多方面内容，这是企业生态绩效的多维性特征。生态绩效一般不能独立于其他绩效目标而存在，而要与其他目标结合起来，相互促进、不断改进。生态绩效不像经济绩效那样能在短时期内反映出来，而要在较长远的时期以后才能逐渐显现出来，这又体现了企业生态绩效的长远性和战略性特征。

3. 学习能力对安全绩效的影响

（1）学习能力对经济绩效的影响。良好的学习能力，能帮助企业尤其是新建矿井借鉴行业经验和其他知识，迅速成为一个合格的煤炭供应商，实现与其他煤矿之间的可竞合性，弥补原来“非均衡发展”中所带来的缺陷，降低风险。企业良好的学习能力还能够帮助煤矿内部协调以及与外部之间的配合更加默契，减少协调困难和可能存在的矛盾，增加共识、降低协调成本，同进共退、降低不必要的变动所带来的成本。同时企业通过学习外部技巧和自身不断总结提高，可以提高效率、降低成本，避免错误重复发生。同时通过知识的积累和复制，同样能够带来企业成本的降低，学习曲线将发挥作用。同样，良好的学习能力带来创新思维和新思路，帮助企业提高盈利能力。因此，学习能力应该能够对盈利性产生正向的影响。

（2）学习能力对社会绩效的影响。企业良好的学习能力支持企业通过学习来提高企业的全局意识、服务意识、长远意识。全局意识主要表现在煤矿发展与国家发展的统一，经济绩效、生态绩效与社会绩效的统一，企业与企业的协同性，煤炭行业与其他行业发展的协调。服务意识主要以服务项目投资率和承诺履约率等指标，其中，服务项目投资率，反映企业实施为社会公众的实际投入水平，它以企业用于各种服务设施、服务装置等方面的投资与企业建设总投资的比值来表示；承诺履约率，反映企业对各项承诺的履约情况。长远意识主要表现企业发展的可持续性。然而实现煤矿发展的可持续性是一项复杂的系统工程，需要考虑煤炭既是资源又是能源的特点，包括开采—运输—利用—副产品处置，考虑经济—环境—社会维度，涉及煤炭开采与可持续利用的理论和方法需系统学习。企业良好的学习能力影响企业的社会导向，影响企业先进文化导向，起到文明生产、安全生产的效果，促进社会福利的改善等。

（3）学习能力对生态绩效的影响。煤矿的发展往往以煤炭资源的耗竭与生态环境的破坏为代价。主要表现在：一是回采率低，目前我国煤炭资源的平均回采率为40%，而世界的平均水平为60%～70%。更为严重的是，目前约占我国年煤炭产量35%的乡镇及个体煤矿，平均回采率只有15%～20%。由于近几年市场需求旺盛，很多煤矿企业回采率下降都与片面追求产量和经济效益、不惜增加开采损失、缩短矿井服务年限有关（霍丙杰、侯世占，2006）。二是原煤入洗率低，发达国家原煤入洗率为40%～100%，而我国只有22%。现在人们已达成共识：高硫含量煤不经脱硫或脱硫不够充分就直接燃烧是造成酸雨的主要原因。只有开发煤的潜在价值，提高煤及煤产品的附加值，开辟、成熟煤转化产品的利用途径，加强煤开采和利用过程中副产物的应用与开发，才能在解决环境污染问题的同时获得效益的双赢途径来提高煤的综合竞争力。三是煤矸石的综合利用不高，据估计，我国煤矸石年排除量约1亿（吨），积累存量达16亿（吨），目前全国约有1500座矸石山，占地十余万亩，每年还要继续排放[①]。这些废弃物占用大量土地，日久天长发生自燃，放出二氧化硫、硫化氢等有害气体，污染空气，成为立体污染源。另外由于煤炭的不合理开采造成了大面积植被破坏等。企业良好的学习能力支持企业通过学习来提高企业的生态意识，协同意识和可持续发展意识，把煤矿的个体发展统一到社会整体上来，使的矿井的经济绩效、社会绩效与生态绩效协调发展。

组织的学习能力对企业可持续发展起到重要的作用。第一，组织通过学习，培育煤矿协同发展的能力，形成完整的能力结构，增强可持续能力；第二，组织通过学习，可以发现原来的认识误区，及时调整策略，避免过度偏差，从而降低风险，提高矿井安全绩效；第三，企业通过组织学习，可以将个人能力向组织能力转化，从而降低由于人员问题导致的风险；第四，企业通过学习，提高能力，从而能够有效地使其经济绩效、社会绩效与生态绩效平衡发展，减少业绩的波动。除此之外，企业的学习能力还能够帮助煤矿拓展业务发展潜力，煤与非煤产业协同发展。当企业通过学习提高能力或产生新的能力的时候，它自身的资源平台实际上已经获得了拓展，这种平台的拓展有助于煤矿进入新的领域竞争。总之，煤矿的学习能力对企业的可持续发展起到正向的影响作用。

第三节　组织特性、能力结构和绩效表现的结构模型

根据前面的分析，本书建立了基于动态匹配的组织特性、能力结构和矿井安全绩效表现的结构模型（见图5－8）。

---

① 中国煤炭工业网。

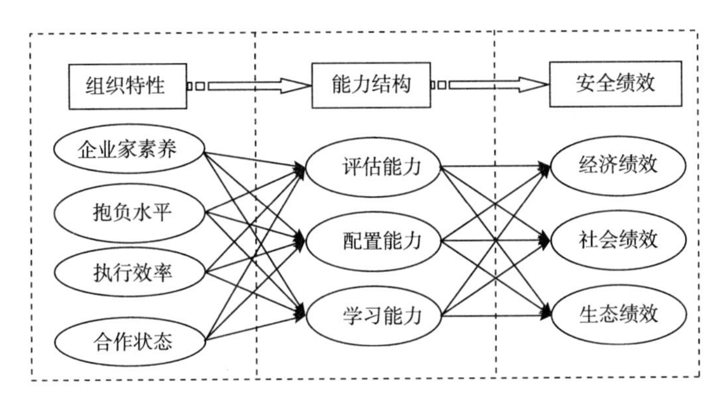

图 5-8　组织特性、能力结构和矿井安全绩效表现的结构模型

在动态匹配的过程中，煤矿的组织特性对其能力结构产生影响，而企业能力又对其安全绩效产生影响。在这个模型中，煤矿的组织特性主要强调企业家素养、抱负水平、执行效率和合作状态；其中执行效率是企业内部的管理属性，合作状态是企业与外部的关系属性，抱负水平对应的是一个内部动力的机制问题，而企业家素养是强有力的组织前提。煤矿的能力结构主要强调的是评估能力、配置能力和学习能力，这三种能力构成了企业在动态匹配过程中的关键要素。评估能力发现机会、明确定位；而配置能力实现资源科学到位，使企业具备良好的物质基础，占据有利的市场位置；学习能力使得企业获得能力的提升、实现可持续发展，并进一步激发新的动态匹配过程。矿井安全绩效的表现主要强调经济绩效、社会绩效和生态绩效，这三类指标的选择主要结合煤炭生产企业在动态发展过程中的特点，其中经济绩效体现煤矿的盈利能力、经济能力，也在一定程度上体现煤矿的市场地位；社会绩效体现煤矿的社会服务、社会责任、社会影响、社会导向；生态绩效体现了煤矿成长过程中是否具有稳健的特点、可持续发展的能力和发展的潜在空间。根据前面的各个层次的分析，本模型中提出了基于动态匹配的组织特性、能力结构和矿井绩效表现的相互关系。这个模型对变化环境中的矿井安全绩效的内部实现机制具有解释作用，并对矿井安全绩效的内部影响因素、动态匹配过程，以及内在关系进行理论和逻辑的梳理，有利于打开“矿井安全绩效形成机制”这个“黑箱”，为矿井安全绩效的有效控制和不断改善提供了理论支撑。

第六章　矿井安全绩效评价

在讨论了矿井安全绩效的外部影响和内部形成机制后，本章进一步讨论的管理问题就是安全绩效的评价，目的就是利用评价反馈信息更好地控制和改善矿井安全绩效。矿井安全绩效评价首先要解决的就是建立安全绩效评价体系的基本结构；其次是形成具体矿井安全绩效评价指标体系；再次就是根据矿井安全绩效评指标体系和评价目的，运用系统可持续思想等建立评价模型，设计评价步骤，求得安全绩效的定值或主观效用；最后根据评价结果来决定是否调整安全绩效管理的策略与方法。本章建立了矿井安全绩效评价体系的基本结构和矿井安全绩效评价指标体系，构建出矿井安全绩效的评价模型，并结合具体煤矿进行评价分析，给出了矿井安全效绩评价的应用与改善方向。

第一节　矿井安全绩效评价的基本结构

矿井安全绩效评价体系主要包括四部分内容：评价主体、评价信息、评价内容和评价方法。

一　评价主体

20 世纪 90 年代，利益相关者理论的日益兴起和实业界对各个利益相关者的日益关注，越来越多的利益集体都对企业绩效产生了高度关注，企业绩效评价的主体迅速朝着多元化的趋势发展，诸多学者对多元化的评价主体展开了研究。

陈维政等（2002）认为国内的绩效评价停留在财务评价阶段，他们运用利益相关者理论探讨了适合我国国情的企业社会绩效评价模式。贾生华（2003）归纳了基于利益相关者理论的三种企业绩效评价方法，重点分析了基于利益相关者要求的方法，并以员工为例说明了这种绩效评价方法的应用过程。赵希男（2005）从社会分工和公共资源有效利用的角度出发，提出对企业活动的社会评价思想。这实际上是借鉴了广义的利益相关者的思想。他认为，企业所集聚的财富是公共财富，不应该无偿使用，每个人对社会的物质资源都拥有一份理论上的“所有权”。如此，全体人民都成为了企业的利益相关者，社会对企业的评价也就是全体利益相关者对企业的评价了。陈共荣（2005）将企业绩效评价主体的历史演进过程分为一元、二元和多元评价主体三个阶段，认为绩效评价主体的界定与企业组织形式、企业理论和管理理论密切相关，但演进的内在逻辑在于企业核心资产所有者的变化过程。煤矿是众多利益相关者缔结的一项合约。这些利益相关者包括：当代的利益相关者、后代利益相关者、非人类物种利益相关者、自然环境利益相关者等。从长期来看，他们的愿望是一致的，那就是希望煤矿能够可持续发展，以保持各自资本的保值与增值。因此，从理论上讲，这些利益相关者都向煤矿投入了各自的资产，都应该对矿井安全绩效有所要求，都应该成为矿井安全绩效评价主体。但是，从短期来看，他们的利益又是相互冲突的，尤其表现在当代利益相关者与后代利益相关者、非人类物种利益相关者之间的利益冲突。一方面由于后代利益相关者、非人类物种利益相关者的具体利益主体缺位，他们在利益相关者群体中处于相对劣势，从而形成理论上的平等地位和现实中的不平等地位之间的矛盾，极大地影响了利益相关者之间直接参与企业绩效评价的公平性；另一方面由于后代利益相关者和非人类物种利益相关者的自然条件的制约，他们也不可能直接参与矿井安全绩效评价，而必须由其代理人行使其评价权利。因此，从实践来看，让所有利益相关者都作为矿井安全绩效的直接评价主体是不现实的。当前我国尚未形成自觉履行可持续发展行为的企业文化和治理结构，必须由政府部门凭借相关政策或制度，按照可持续发展的要求，代理利益相关者对矿井安全绩效进行评价；同时，应尽快制定相应的政策法规，要求企业自觉地进行自我评价并向社会提供客观公允的绩效评价报告；还应借鉴西方发达国家的先进经验，按照可持续发展的要求，有序地发展第三方非相关利益者政府、社会、团体等非营利组织评价机构作为评价主体；鼓励社会对煤矿行为的全面监督和引导，从而形成企业自我评价、政府评价、社会评价相结合的联动企业绩效评价机制。

二　评价信息获取

矿井安全绩效评价不是目的，而是要通过绩效评价来控制煤矿经营行为，从而实现自身的利益要求。契约理论与利益相关者理论认为，企业是利益相关者的合作契约，是各个利益相关者实现各自利益要求的平台。由于资源依赖，以及由此而带来的关系专用性投资，企业的各个利益相关者必然要通过各种渠道获得企业经营信息、评价企业经营绩效、控制企业经营行为，进而获得各自的收益。所以，矿井安全绩效评价的目的是为了实现各个利益相关者的利益要求，进而维持企业的持续运营。那么，煤矿的各个利益相关者都是通过哪些路径获得企业经营信息，评价矿井安全绩效，进而控制企业经营行为?

第一，煤矿的正式网络与非正式网络是利益相关者获得企业经营信息的重要渠道。

正式网络是依托于煤矿正式组织的网络关系，既包括企业内部利益相关者建立的正式网络关系，也包括内部利益相关者与外部利益相关者之间建立的正式网络关系。企业中还存在着依托于非正式组织的非正式网络。非正式网络来自梅奥对霍桑实验的总结，认为非正式网络是企业员工基于社会需求建立的网络关系。后来，非正式网络的范围开始扩大，不仅包括企业内部利益相关者组成的内部非正式网络，也包括企业与外部利益相关者组成的外部非正式网络，如高层管理者所拥有的私人网络等。事实上，企业的非正式网络与正式网络并非泾渭分明，往往是交织在一起，非正式网络与正式网络存在信息交换。

第二，存在于正式网络与非正式网络中的正式制度与非正式制度是利益相关者评价企业经营绩效、控制煤矿经营行为的规则体系。正式制度存在于正式网络中，是人们自觉地、有意识地创造出的一系列正式规则。非正式制度存在于非正式组织中，是组织在演进中逐渐形成的，不依赖于人们主观意志的文化传统和行为规范，包括意识形态、价值观念、道德伦理、风俗习惯等。

第三，正式与非正式的治理结构成为利益相关者评价矿井安全绩效的两大作用路径。笔者认为企业的正式网络与正式规则构成为企业的正式治理结构；企业非正式网络与非正式规则构成为企业的非正式治理结构。不同的利益相关者通过正式与非正式的治理结构来获得企业经营信息，评价矿井安全绩效，控制煤矿经营行为，从而实现自身的利益要求。

三　评价内容

评价内容一般是指能够反映企业绩效的各个方面进行评价。矿井安全绩效是在矿井生产经营等若干因素共同作用下产生的综合结果，范围广、内容多，按照可持续发展的要求，结合煤矿生产运营活动的特点，矿井安全绩效评价的内容主要应包括煤矿的经济绩效、生态绩效和社会绩效，它们之间互相影响、互相制约、互相渗透构成可持续发展的三根支柱。经济绩效主要包括盈利性、经济安全性、资产营运效率、现金流动等方面；生态绩效主要包括资源的利用、回收与再生以及环境保护等方面；社会绩效主要包括工作劳动、社会影响、产品责任等方面。另外，还应该包括经济绩效、生态绩效和社会绩效的静态平衡性评价和动态协调性评价。具体评价内容一般根据评价的目的来确定，实施矿井按绩效综合评价，涉及内容一般是以上几个方面的综合评价，如对煤矿某个方面进行评价，评价的内容相对要简化一些。

四　评价要求

矿井安全绩效评价应满足下述基本要求。

第一，应根据实际评价问题和评价对象的具体特点，选择相应的指标体系和评价模型。其中建立安全绩效评价指标体系是矿井安全绩效评价方法的基础，而如何体现矿井安全绩效的内涵和实质，又是建立有效的矿井安全绩效评价指标体系的关键。

第二，矿井安全绩效评价既涉及过去生产活动的积累，又要考虑未来的影响；既要评价生态环境、生产效率、效益等“实”的绩效，又要评价企业美誉度、社会文化、伦理、道德等“虚”等方面；有的可以定量描述，有的则只能采用定性或半定量方式描述。评价对象比较复杂，应作为一个系统来研究。

第三，由于矿井安全绩效评价内容涉及企业财务、竞争效果、生态环境的环境属性、资源属性、生态服务和社会环境的公众效果、社会导向等诸多方面，因此，可利用的评价方法既有单方面的，又有综合的，这就给评价方法的选择和相应模型的建立带来一定困难。因此，要集成多种方法以形成矿井安全绩效评价体系。

第四，矿井安全绩效评价需要不同部门专家和决策者共同参与，并对不同层次的目标或不同指标提供评价信息和经验知识。无论哪种评价方法，评价专家的意见对评价结果的客观性、准确性和科学性都有着至关重要的影响。因此，要合理地选择参与评价的专家，尽量选择那些实践经验丰富在第一线工作过的较有权威的专家，同时也应该包括那些多年在相关部门从事领导工作，积累了大量实践经验的干部。在向专家咨询时，要尽可能地提供关于生产项目的详细资料、明确的评价指标和取值情况。同时，要为他们创造一个安静的适合于独立思考的环境，以消除他们的心理影响。

第五，矿井安全绩效评价方法应用于矿井安全绩效评价中，主要目的是为了更好地控制煤矿的生产经营活动，提高矿井安全的绩效，推动煤矿的可持续发展，协调好企业、生态环境和社会环境的关系。因此，矿井安全绩效的控制具有重要现实意义，矿井安全绩效评价应紧紧围绕这一重心和目的。

五　评价方法与相关假设

1. 评价方法

根据大安全绩效评价的内容，评价指标体系包括经济绩效指标体系、生态绩效指标体系、社会绩效指标体系以及三种安全绩效的和谐性评价。随着绩效评价的发展，评价方法经历了观察法、统计法、财务评价法、财务评价与非财务评价法相结合的四个发展阶段。在众多的系统评价方法中，并不是每一种都同样地适用于本研究，有的方法尽管在理论上似乎很理想，但是在实际运用中却因过于复杂而难以实现。因此，选择一种适当的评价方法要把握需要和可能两个方面。目前，财务评价方法与非财务评价方法是最为常用的评价方法。

2. 相关假设

由于矿井安全绩效内容涉及面广，所以要对相关的理论问题进行事先的假设分析，在一定程度上可避免分析中可能出现的认识分歧，同时可以将问题相对简化。

假设1：评价主体（谁来评价）是企业的非利益相关者，是处于中立状态的第三方，如非营利性的民间机构、纯学术性质的大学科研机构等。

假设2：评价目标是企业利益相关者在制订和履行相应契约时，对于企业经营情况的信息需求是采用一种信息披露方式，它并不直接作用于企业的经营活动，仅仅是企业各个利益相关者的决策支持系统。

假设3：评价对象是长期经营下的煤炭生产企业，而并非短期的其他企业行为，其原因在于长期经营是一种同利益相关者进行多次博弈的过程，前一次的契约履行情况将影响以后的经营活动，这样更能提炼出反映企业契约关系的指标体系。

假设4：存在一个有效的司法体系，可以有效地执行契约内容，从而杜绝不完全契约理论中的“可认知但不可证明”的情况。

六　评价框架

综上分析，构建矿井安全绩效评价体系框架图（见图6－1）。

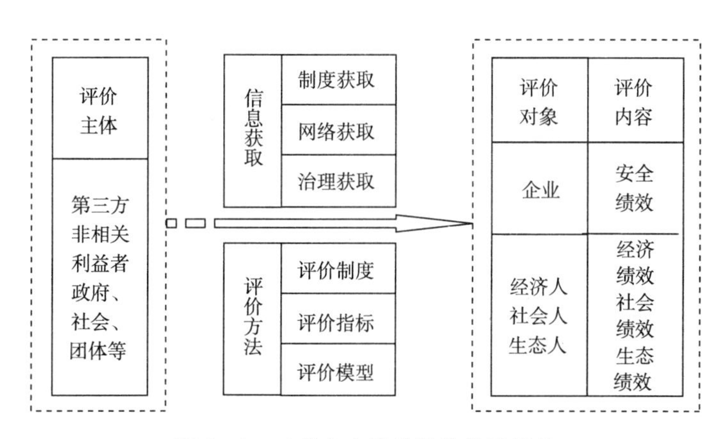

图6－1　矿井安全绩效评价体系框架

第二节　矿井安全绩效评价指标体系的建立

绩效评价指标体系是企业绩效评价系统中极其重要的一个环节和组成部分，无论是依据什么理论、从什么角度建立绩效评价体系，最终都要落实到具体的绩效评价指标上来。评价系统里设置了哪些评价指标就说明了评价系统注重评价哪些方面。在一定程度上，可以说从指标体系的设置上就可以看出评价系统是否合理、适用、有效。因此，对评价系统的构建理所当然成为学者们研究的重点。

一　矿井安全绩效评价系统的构建

龚丽等（2003）借鉴平衡记分卡的主要思想，从财务、价值链流程、创新和环保信息四个层面建立了一套旨在全面反映企业战略经营业绩的评价指标体系。蔡刚等（2004）从市场竞争能力、企业管理水平、企业可持续发展能力、企业经营效率、企业研究开发能力、创新效果指标和企业为社会贡献水平七个方面构建评价指标体系，并介绍主成分分析法进行绩效评价的基本原理与步骤。曹丽荣（2004）借鉴平衡记分卡的思想，提出从盈利目标、市场目标、创新目标、社会目标四个战略目标层构建指标体系，每个战略目标层又具体细化为关键流程和主要绩效指标。祝焰等（2005）借助平衡记分卡的思想，提出了财务维度、内部营运维度、客户维度、职员学习维度、创新维度、供应商维度六个层面的战略性绩效评价体系，并根据权变理论阐述了不同战略类型和不同生命周期阶段对业绩评价指标设置的影响。温素彬等（2005）从科学发展观的角度探讨了包括经济、生态和社会绩效的三重绩效评价模式。李健（2004）则着重从循环经济的角度研究了企业绩效评价指标体系的建立，认为应综合考虑经营效果、绿色效果、能源属性、生产过程属性、销售和消费属性、环境效果和发展潜力七个方面对企业的影响，并分别细化每个方面，从而形成一个有目标层、准则层和基础层构成的综合绩效评价体系。霍佳震（2001）和邹辉霞（2004）都从供应链管理的角度探讨了企业绩效评价体系的建立，详细介绍了国外学者对供应链绩效评价指标的研究成果。郝云宏（2009）从内部利益相关者的资本投入指标、外部利益相关者的社会承诺指标和财务分配指标三个维度构建绩效评价体系。

自从埃尔金顿提出“三重底线”的概念以来,环境责任经济联盟（CERES)、世界企业可持续发展委员会（WBCSD)、世界资源研究中心（WRI)、经济合作与发展组织（OECD)、国际标准化组织（ISO)，等都在致力于基于“三重底线”的绩效评价指标体系的研究，并已经取得了一定的成果，如环境绩效评估(ISO14031)、社会责任标准（SA8000)、世界企业可持续发展委员会的生态效益指标、世界资源研究中心的4项环境绩效指标、全球报告倡议（GRI）的《可持续报告指南》等。在这些指标体系中，ISO14031、世界企业可持续发展委员会的生态效益指标、世界资源研究中心（WRI）的4项环境绩效指标等主要侧重于环境绩效评价；SA8000主要侧重于社会责任评价；最为全面的当属全球报告倡议（GRI）的《可持续报告指南》。GRI的报告性纲领草案于1999年3月公布，2000年6月正式公布GRI第一版，2002年8月推出了第二版，2006年10月推出了最新版。GRI设置13项经济绩效指标、35项环境绩效指标、49项社会绩效指标，比较全面地反映了企业的三重绩效。但是，GRI的指标主要是总量指标和定性指标，一方面不利于量化评价；另一方面不利于企业间的比较。

从国内外的发展来看，绩效评价指标体系开始逐步平等地考虑企业利益、相关者的利益和企业的社会责任，呈现出财务绩效与非财务绩效相结合、经济绩效与社会绩效以及环境绩效相结合的发展趋势。但是，当前的大多数绩效评价体系仍然侧重于对经济绩效的评价，尽管有些指标体系也考虑到企业的社会贡献和环境影响，但仍然是局部的，无法全面反映企业在经济、生态、社会三方面价值创造的协调性和持续性。另外，当前的大多数绩效评价指标体系仅仅考虑当代利益相关者的利益，对于后代利益相关者和非人类物种利益相关者的关心仍然不够。我国的《企业绩效评价操作细则》中仅有一项指标“综合社会贡献”考虑到社会贡献问题，其权重仅占评议指标的8%。当前我国大多数煤矿的发展观念和模式不符合可持续发展的要求，严重制约着社会经济的可持续发展，应当尽快研究制定一套基于可持续发展的煤矿绩效评价指标体系，使煤矿可持续发展战略落到实处。

在企业绩效评价的实证研究工作上，学者们多是利用先进的数理统计技术，选择一定数量的样本，对自己所建立的模型进行实证检验，从而得出结论或支持自己的假设。冯根福、王会芳（2001）认为不同的利益相关者由于其利益要求不同，对同一公司的评价也就会有差别。其研究为不同评价主体分别设计了评价指标体系（主要是财务指标），并以在上海证券交易所上市的电子行业中的所有公司（截至2000年年底）为分析对象，运用因子分析法计算公司综合得分，根据综合得分对公司进行排名，结果发现同一公司利益相关者对公司绩效的评价是不同的，从而支持了其假设，并提出应采用多角度综合评价方法进行公司绩效评价。施东晖等（2004）侧重于上市公司治理水平对绩效影响的研究。他们从控股股东行为、关键人的聘选激励与约束、董事会的结构与运作、信息披露透明度四个方面构建公司治理指数，研究结果表明，中国上市公司治理水平总体不高，股权结构对公司治理水平具有显著影响，政府控股型公司的治理水平最高，公司治理水平对净资产收益率具有正向影响，但对市净率却具有负向影响。梅国平（2004）认为复相关系数法是一种客观赋权的方法，并且权重是动态可变的，能够解决绩效评价中权重分配的难题，比较真实、客观地反映企业经营绩效。他运用复相关系数法，选取四川省52家上市公司的1999年年报和2000年中报为研究样本，对其盈利能力进行了综合评价。赵希男（2005）提出社会对企业评价的思想，从鼓励创办企业和保护公共资源的双重角度，参考数据包络评价方法和综合评价法对企业进行评价。赵中秋（2005）以经济增加值为核心，结合因子分析法等数理统计技术对部分国有企业进行绩效评价，并对研究结果反映出的问题提出相应的投资和监督决策。

综上所述，并参考 GRI、温素彬（2006）提出的“三重绩效”等评价理论，提出以下矿井安全绩效评价系统结构（见图 6-2）。

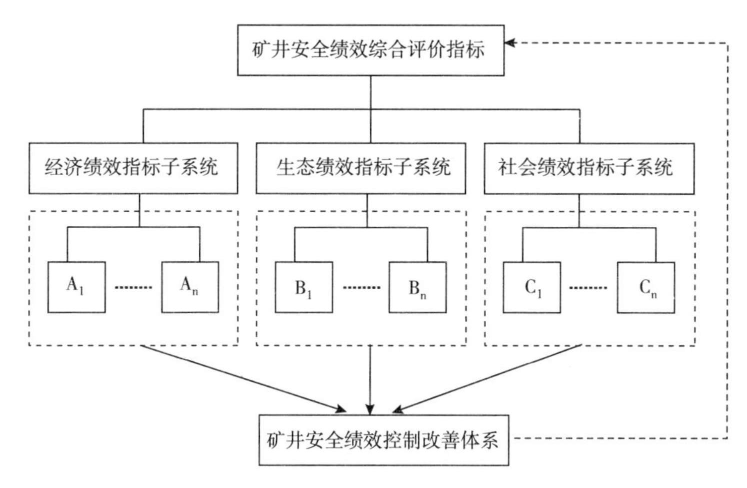

图 6-2　矿井安全绩效评价系统结构图

二　矿井安全绩效评价指标体系的建立

评价指标是评价内容的外在表现，通过设置客观、准确、科学的评价指标体系，来准确反映矿井安全绩效的评价内容，是实现矿井安全绩效评价目标的关键一步。

1. 矿井绩效评价指标体系设立的原则

（1）准确体现评价内容。评价指标是评价内容的具体体现，一般来讲，反映一项评价内容的指标可有若干项，但选取指标时，要注重重要性和准确性原则，尽可能使用少数指标，来涵盖更多的评价内容，达到精简高效的目的。

（2）科学适用，易于操作。评价指标应简洁明了，科学适用，易于采集和掌握，方便评价工作者学习和操作，注意与企业的日常经营管理活动结合起来考虑。

（3）定量评价与定性评价相结合。定量指标直观反映评价内容，定性指标形象反映评价内容和经营过程，两者应兼顾使用，兼而有之，优势互补，不可偏废。

（4）财务指标与非财务指标相结合。矿井安全绩效的表现为经济绩效、生态绩效和社会绩效，单纯采用财务会计指标有很大的局限性，容易造成评价结果不完整和不准确。同时，不利于其他部门理解评价、参与评价，并将约制和限制评价体系在企业管理中推广应用，影响评价功能在企业战略管理中所能发挥的作用。

2. 矿井绩效评价指标体系的构成

从矿井安全绩效评价系统结构图发现，矿井安全绩效指标体系由经济绩效指标体系、生态绩效指标体系和社会绩效指标体系构成（温素彬，2006）。

（1）经济绩效指标体系。

经济绩效指标体系是以有效增加值为核心指标，从增加值角度、盈利角度、偿债角度、资产运营角度、现金流量角度分别设置的，主要包括以下指标：

增值能力主要包括：有效增加值率、资产增加值率；

盈利能力主要包括：净资产收益率、附加经济价值率；

偿债能力主要包括：流动比率、资产负债率；

资产运营能力主要包括：应收账款周转率、存货周转率；

现金流量主要包括：单位资产有效增加值现金流、单位资产经营活动现金流。

经济绩效指标体系汇总见表6－1。

表6－1　经济绩效指标体系

准则层指标	子准则层指标	方案层指标	符　号
经济绩效（u_{1j}）	增值能力	有效增加值率	u_{11}
		资产增加值率	u_{12}
	盈利能力	净资产收益率	u_{13}
		附加经济价值率	u_{14}
	偿债能力	流动比率	u_{15}
		资产负债率	u_{16}

续表

准则层指标	子准则层指标	方案层指标	符　号
经济绩效（u_{1j}）	资产运营	应收账款周转率	u_{17}
		存货周转率	u_{18}
	现金流量	单位资产有效增加值现金流	u_{19}
		单位资产经营活动现金流	u_{110}

注：u_{1j}表示经济绩效的第j个指标，如u_{110}表示经济绩效的第10个指标。

（2）生态绩效指标体系。

结合全球报告倡议、世界企业可持续发展委员会、世界资源研究中心、哥伦比亚企业可持续发展协会（BCSD—Colombia）以及环境绩效评估的思路和方法，考虑到煤矿生产的特点，这里从能源利用、资源利用、排放物、植被、气候、供应商、煤质、生态计划和政策等方面设置生态绩效评价指标体系，主要包括以下指标：

能源方面设置如下指标：能源投入产出率、再生能源使用率；

资源方面设置如下指标：煤炭资源回收率、矿产资源综合利用率；

原料方面设置如下指标：原料投入产出率；

水资源方面设置如下指标：水利用产出率、水资源利用率；

气候方面设置如下指标：气候指标变率；

排放物方面设置如下指标：单位产出温室效应气体（GHG）排放量、单位产出破坏臭氧层物质（ODS）排放量、单位产出废弃物排放量、单位排水的水质指标（COD、BOD及悬浮固体）、废弃物处理率；

植被方面设置如下指标：植被指数；

供应商方面设置如下指标：环保供应商比重；

煤质方面设置如下指标：灰分、含矸率；

生态计划和政策方面设置如下指标：是否通过ISO14000认

证、生态保护的计划与政策、生态保护计划目标实现率、环保投资比重。

生态绩效指标体系汇总见表6－2。

表6－2　生态绩效指标体系

准则层指标	子准则层指标	方案层指标	符　号
生态绩效（u_{2j}）	能　源	能源投入产出率	u_{21}
		再生能源使用率	u_{22}
	资　源	煤炭资源回收率	u_{23}
		矿产资源综合利用率	u_{24}
	原　料	原料投入产出率	u_{25}
	水资源	水利用产出率	u_{26}
		水资源利用率	u_{27}
	气　候	气候指标变率	u_{28}
	排放物	单位产出 GHG 排放量	u_{29}
		单位产出 ODS 排放量	u_{210}
		单位产出废弃物排放量	u_{211}
		单位排水的 COD、BOD 量	u_{212}
		废弃物处理率	u_{213}
	植　被	植被指数	u_{214}
	供应商	环保供应商比重	u_{215}
	煤　质	灰分	u_{216}
		含矸率	u_{217}
	生态计划与政策	是否通过 ISO14000 认证	u_{218}
		生态保护的计划与政策	u_{219}
		生态保护计划目标实现率	u_{220}
		环保投资比重	u_{221}

注：u_{2j}表示生态绩效的第j个指标，如u_{221}表示经济绩效的第21个指标。

（3）社会绩效指标体系。

结合全球报告倡议、社会责任标准等，笔者从工作劳动与人权、社会影响、产品责任三个方面设置社会绩效评价指标体系。

工作劳动与人权方面的评价指标：是否通过 SA8000 认证，工作环境，百万吨死亡率，矿工的社会保险计提率，就业状况，培训费、保健费与有效增加值之比，矿工的学习能力；

社会影响方面的评价指标：社会捐赠占增加值的比重；公平竞争；企业诚信状况；企业的配置能力；企业的评估能力；顾客满意度；

产品责任方面的评价指标：产品销售率、是否通过 ISO9000 认证、广告的社会效应。

社会绩效指标体系汇总见表 6－3。

表 6－3　社会绩效指标体系

准则层指标	子准则层指标	方案层指标	符　号
社会绩效（u_{3j}）	工作劳动与人权	是否通过 SA8000 认证	u_{31}
		工作环境	u_{32}
		百万吨死亡率	u_{33}
		矿工的社会保险计提率	u_{34}
		就业状况	u_{35}
		培训费、保健费与有效增加值之比	u_{36}
		矿工的学习能力	u_{37}
	社会影响	社会捐赠占增加值的比重	u_{38}
		公平竞争	u_{39}
		企业诚信状况	u_{310}
		企业的配置能力	u_{311}
		企业的评估能力	u_{312}
		顾客满意度	u_{313}
	产品责任	产品销售率	u_{314}
		是否通过 ISO9000 认证	u_{315}
		广告的社会效应	u_{316}

注：u_{3j}表示社会绩效的第 j 个指标，如 u_{316}表示社会绩效的第 16 个指标。

第三节　矿井安全绩效评价

一　评价方法的选择

评价指标体系确定之后，就要选择恰当的评价方法。为了全面、真实地评价一个矿井的安全绩效，评价指标必须有相当的完整性。然而，选取指标较多固然能增加指标的覆盖面，但是指标之间具有较多的信息重复，即指标之间的独立性较差。若直接对含有重复信息的指标赋权求和，指标间未排除的重复信息将会使评价结果发生偏差。从数理统计分析来讲，若指标间彼此不相关，即指标提供的信息不重复，任意一个指标的作用都不能用另外的指标所代替，评价时则应尽量保留这些指标，否则，则可省略其中一个。事实上，由于影响煤矿大安全发展路径的各因素之间往往是相互关联的，影响安全绩效的各指标之间一般既不是不相关，也不是完全线性相关，因此，有效的解决办法是借助一定的数理统计方法对相关指标进行处理，建立一种恰当的系统评价模型。

目前，国内外公开发表的系统评价方法已有数十种，例如：综合指数法、因子分析法、主成分分析法、POPSIS 法、功效系数法、层次分析法、模糊综合评判法、灰色系统分析法等。而且系统评价方法还在不断地发展，比如乔治（M. George，1997）等建立的一个可持续发展能力评价的神经网络模型；彭勇行（1997）选择最优化模型，提出一种新的“组合评价法”。

在众多的系统评价方法中，并不是每一种都适用于本研究，有的方法尽管在理论上似乎很理想，但在实际运用时却因过于复杂而难以实现。因此，选择一种适当的评价方法要把握需要和可能两个方面。在进行矿井安全绩效的综合评价时，层次分析法不失为一种合适的评价方法。

层次分析法（The Analytic Hierarchy Process，AHP）是美国运筹学家、匹兹堡大学沙旦（T. L. Saaty）教授于20世纪70年代初期提出的。AHP是把研究对象作为一个系统，按照分解、比较判断、综合的思维方式进行决策，成为继机理分析、统计分析之后发展起来的系统分析的重要工具。AHP是一种定量与定性相结合，将人的主观判断用数量形式表达和处理的方法。它把复杂问题分解成各个组成因素，又将这些因素按支配关系分组形成递阶层次结构，通过两两比较的方式确定各个因素相对重要性，然后综合决策者的判断，确定决策方案相对重要性的总排序。用AHP进行决策大大提高了决策的科学性、有效性和可行性。其基本步骤为：①建立层次结构模型；②对同一层次的各元素与上一层次中某一准则的重要性进行两两比较，构造两两比较的判断矩阵；③计算权向量并做一致性检验；④计算组合权向量，做组合一致性检验并进行排序。

二　指标数据的取得与处理

矿井安全绩效评价的总指标体系处于理论研究阶段，现有的核算技术尚不能对生态增加值和可持续责任增加值（SRVA）等总指标进行准确核算，无法直接通过总指标来评价矿井的经济绩效、生态绩效和社会绩效。所以需要通过相对指标体系对矿井安绩效进行综合评价。在进行综合评价之前，需要首先取得评价指标的原始数据，并对原始数据进行预处理，剔除指标量纲，以便加总合成。

指标数值来源分成三类：第一类，指标本身属于统计内容，直接提取相关统计数据即可；第二类，指标本身没有统计，但是相关数据有统计，提取相关数据，通过计算获得所需指标值；第三类，没有相关数据支持，那就需要在指标的取舍和计算的成本之间做一个决策。

企业绩效评价的指标体系包括定性指标和定量指标两类。

1. 定性指标的处理

根据国际企业绩效评价的经验，定性指标的处理方法是采用问卷调研法。因此，对指标体系中的定性数据需要设计调研问卷。为避免主观判断所引起的失误，增加定性指标的准确性可采用隶属度赋值方法，将定性指标分成5个档次（好，较好，一般，较差，差），依次取5、4、3、2、1，等级之间只是对指标看法的程度不同。由于在赋值判断过程中已内含标准，可以直接计算评价值，对所有定性指标分值汇总，用加权平均的方法对调查结果进行计算。最后根据得出的平均分值确定该企业定性指标档次。对于二值指标（是或否）的取值为："是"取5，"否"取1。如社会绩效指标中的"是否通过SA8000认证"，通过的取5，没通过的取1。

2. 定量指标的处理

定量指标的数据值按照指标的释义和矿井的具体情况进行收集，数据的收集需要不同部门配合。各个定量指标由于其经济意义不同，表现形式不一样，有的是绝对值指标，有的是相对数指标，各指标对评价体系的作用也不一样，有的是正指标，有的是逆指标，还有的是适度指标，各个指标之间不具可比性。此外，在进行矿井的横向或纵向比较时，因为一些具体的情况都不会相同，致使评价会出现不同程度的失真。因此，必须将这些指标进行无量纲处理，将定量指标原值转化为评价值。

三　指标权重的确定

指标层次共分三层，即目标层、准则层和方案层，其中目标层为最高层，即矿井安全绩效，准则层由经济绩效、生态绩效和社会绩效三大指标组成，方案层各指标见表6－1～表6～3。

各项指标权重的设定，对最后的评价结果至关重要。确定权重的方法可以归结为两大类：主观赋权法和客观赋权法。前者可分为专家咨询法和层次分析法；后者主要有熵值法、主成分分析法和因子分析方法等。虽然客观赋权法是从客观分析的角度出发，避免了主观判断所造成的人为误差，但对指标的具体经济意义却重视不够，所以本研究在调查研究的基础上，选取那些最能反映矿井安全绩效的指标，征询了来自煤炭行业的有关专家，分别征询专家对最初所设计评价指标的意见，然后进行统计处理，并反馈咨询结果，经过三轮咨询后，专家意见趋于集中，最后采用层次分析法，计算得到各项指标的权重。

按照可持续发展的要求，经济绩效、生态绩效、社会绩效同等重要，因此将三者的总权重分别确定为1。三种绩效所包含的各评价指标的权重运用层次分析法和专家调查法综合而得。

层次分析法确定权重的基本步骤如下：

第一步，构造多级递阶的结构模型。

根据评价系统的目的、评价准则、替代方案等要素建立递阶的结构模型。第一层为目标层，中间为准则层，最下层为方案层。

据前所设计的矿井安全绩效指标体系，可以构建矿井安全绩效评价的多级递阶结构模型。

第二步，实施专家调查法，以上一级要素为准则，对同属一级的要素进行两两比较，根据专家意见，平均计算各评价尺度的相对重要性，据此建立判断矩阵。

判断矩阵为 $A=(a_{ij})_{n\times n}$，a_{ij}的赋值由第 i 个指标与第 j 个指标相比的重要程度来表示。如第 i 个指标与第 j 个指标同样重要，则赋值为1，即 $a_{ij}=1$；如第 i 个指标比第 j 个指标比较重要，则赋值为3，即 $a_{ij}=3$；如第 i 个指标比第 j 个指标明显重要，则赋值为5，即 $a_{ij}=5$；如第 i 个指标比第 j 个指标强烈重要，则赋值为7，即 $a_{ij}=7$；如第 i 个指标比第 j 个指标极端重要，则赋值为9，即 $a_{ij}=9$。a_{ij}的赋值规则如表6－4所示。

表6－4　重要性判断赋值规则

判断种类	同样重要	比较重要	重要	很重要	极重要
赋　值	1	3	5	7	9

如第 i 个指标与第 j 个指标同等重要，则赋值为1，即 $a_{ij}=1$，第 i 个指标与第 j 个指标相比极重要，则赋值为9，即 $a_{ij}=9$。

第三步，计算判断矩阵的特征向量，确定各要素对上一级要素的相对重要度。同级要素之间的相对重要性程度通过计算判断矩阵和特征向量获得。在 AHP 法中通常采用求根法计算特征向量。

（1）将矩阵按行求根：$v_i = \sqrt[n]{\prod_{j=1}^{n} a_{ij}}$

（2）归一化：$w_i = \dfrac{v_i}{\sum v_i}$。

$W = (w_1, w_2, \cdots, w_n)$ 即所求的特征向量，也就是各因素对上一层因素的重要度。

第四步，对所确定的重要性程度进行一致性检验。若检验通过，则进入第五步；若检验不能通过，则返回第三步，重新构造判断矩阵。检验方法如下：

计算一致性指标 CI。

（1）计算一致性指标 CI

$$CI = \frac{\lambda \max - n}{n-1}$$

其中，$\lambda \max = \dfrac{1}{n}\sum_{i=1}^{n}\left(\dfrac{(AW)_i}{w_i}\right)$

（2）查找相应的平均随机一致性指标 RI（见表6-5）。

表6-5　平均随机一致性指标

阶数	1	2	3	4	5	6	7	8	9	10	11
RI	0	0	0.52	0.89	1.12	1.26	1.36	1.41	1.46	1.49	1.52

（3）计算随机一致性比率 CR

$$CR = \frac{CI}{RI}$$

当 $CR<0.10$ 时，判断矩阵的一致性是可以接受的，否则要重新调整判断矩阵，直到其具有满意一致性。

第五步，进行权重总排序。

根据上述结果计算各评价指标对方案层指标的综合重要度，得出经济绩效、生态绩效、社会绩效评价指标权重（见表6－6～表6－8）。

表6－6　经济绩效方案层评价指标的权重

准则层指标	子准则层指标	方案层指标	权　重
经济绩效（u_{1j}）	增值能力	有效增加值率 u_{11}	0.2098
		资产增加值率 u_{12}	0.2098
	盈利能力	净资产收益率 u_{13}	0.0725
		附加经济价值率 u_{14}	0.0725
	偿债能力	流动比率 u_{15}	0.0725
		资产负债率 u_{16}	0.0725
	资产运营	应收账款周转率 u_{17}	0.0725
		存货周转率 u_{18}	0.0725
	现金流量	单位资产有效增加值现金流 u_{19}	0.0727
		单位资产经营活动现金流 u_{110}	0.0727

注：u_{1j}表示经济绩效的第 j 个指标，如 u_{110} 表示经济绩效的第10个指标。

表6－7　生态绩效方案层评价指标的权重

准则层指标	子准则层指标	方案层指标	权　重
生态绩效（u_{2j}）	能　源	能源投入产出率 u_{21}	0.0702
		再生能源使用率 u_{22}	0.0702
	资　源	煤炭资源回收率 u_{23}	0.0552
		矿产资源综合利用率 u_{24}	0.0702
	原　料	原料投入产出率 u_{25}	0.0702
	水资源	水利用产出率 u_{26}	0.0402
		水资源利用率 u_{27}	0.0431
	气　候	气候指标变率 u_{28}	0.0431

续表

准则层指标	子准则层指标	方案层指标	权　重
生态绩效 (u_{2j})	排放物	单位产出 GHG 排放量 u_{29}	0.0451
		单位产出 ODS 排放量 u_{210}	0.0451
		单位产出废弃物排放量 u_{211}	0.0451
		单位排水的 COD、BOD 量 u_{212}	0.0451
		废弃物处理率 u_{213}	0.0702
	植　被	植被指数 u_{214}	0.0401
	供应商	环保供应商比重 u_{215}	0.0261
	产　品	灰分 u_{216}	0.0562
		含矸率 u_{217}	0.0562
	环保计划与政策	是否通过 ISO14000 认证 u_{218}	0.0562
		生态保护的计划与政策 u_{219}	0.0261
		生态保护计划目标实现率 u_{220}	0.0261
		环保投资比重 u_{221}	0.0261

注：u_{2j}表示生态绩效的第 j 个指标，如 u_{221} 表示社会绩效的第 21 个指标。

表 6-8　社会绩效方案层评价指标的权重

准则层指标	子准则层指标	方案层指标	权　重
社会绩效 (u_{3j})	工作劳动与人权	是否通过 SA8000 认证 u_{31}	0.1231
		工作环境 u_{32}	0.0916
		百万吨死亡率 u_{33}	0.0916
		矿工的社会保险计提率 u_{34}	0.0922
		就业状况 u_{35}	0.0617
		培训费、保健费与有效增加值之比 u_{36}	0.0617
		矿工的学习能力 u_{37}	0.0926
	社会影响	社会捐赠占增加值的比重 u_{38}	0.0397
		公平竞争 u_{39}	0.0298
		企业诚信状况 u_{310}	0.0496
		企业的配置能力 u_{311}	0.0397
		企业的评估能力 u_{312}	0.0397
		顾客满意度 u_{313}	0.0645

续表

准则层指标	子准则层指标	方案层指标	权　重
社会绩效 (u_{3j})	产品责任	产品销售率 u_{314}	0.0553
		是否通过 ISO9000 认证 u_{315}	0.0369
		广告的社会效应 u_{316}	0.0276

注：u_{3j}表示社会绩效的第 j 个指标，如 u_{316}表示社会绩效的第 16 个指标。

四　矿井安全绩效评价

本书所讲的安全绩效是大安全绩效，强调的是经济绩效、生态绩效、社会绩效三方面发展的持续性和协调性，要求煤矿在经济、生态、社会三方面同时具有显著绩效。所以，在对矿井安全绩效进行评价时，一要进行综合评价，同时也要进行绩效要素之间的协调性评价。

1. 数据无量纲化处理

对于矿井安全绩效评价若干指标来讲，各评价指标的意义不同，有的是正指标，有的是逆指标，有的是中性指标。在进行综合评价时，要求正指标的数值越大越好，逆指标的数值越小越好，中性指标的数据适中为好，指标之间不具有可比性，无法直接进行综合。所以，在进行综合评价之前，评价指标的无量纲化处理是必不可少的。为便于后文对安全绩效评价模型的应用，这里采用三角函数法对指标进行无量纲化处理。

对于正指标，无量纲化处理模型为：

$$v_{ij} = 3 + 2\sin\left[\frac{u_{ij} - (u_{j\max} + u_{j\min})/2}{u_{j\max} - u_{j\min}}\right]\pi \tag{6.1}$$

对于逆指标，无量纲化处理模型为：

$$v_{ij} = 3 + 2\sin\left[\frac{(u_{j\max} + u_{j\min})/2 - u_{ij}}{u_{j\max} - u_{j\min}}\right]\pi \tag{6.2}$$

对于中性指标，无量纲化处理模型为：

$$v_{ij}=\begin{cases}3+2\sin\left[\dfrac{u_{ij}-(u_{j\min}+u_{j\text{mid}})/2}{u_{j\text{mid}}-u_{j\min}}\right]\pi, & u_{j\min}\leqslant u\leqslant u_{j\text{mid}}\\ 3+2\sin\left[\dfrac{(u_{j\text{mid}}+u_{j\max})/2-u_{ij}}{u_{j\max}-u_{j\text{mid}}}\right]\pi, & u_{j\text{mid}}\leqslant u\leqslant u_{j\max}\end{cases}\tag{6.3}$$

式中 u_{ij} 为第 i 种绩效的第 j 个原始指标，v_{ij} 为对应的经过无量纲化处理后的指标，$u_{j\max}$ 第 j 个指标的行业最大值或样本最大值、$u_{j\min}$ 为第 j 个指标的行业最小值或样本最小值，$u_{j\text{mid}}$ 为第 j 个指标的最适度值。

经过以上方法处理后，所有的评价指标都转换为正指标，并且取值范围界于［1，5］之内。

2. 矿井安全绩效的综合评价

如果存在多个评价对象，可以将所有的评价结果置于三维空间中，计算各点与最优点之间的距离，以此距离作为企业绩效的评价依据。

（1）矿井安全绩效的分别评价（加权平均法）。

根据复合系统理论和协同学原理，矿井安全绩效可定义为：S(安全绩效) = {经济绩效 S_1，生态绩效 S_2，社会绩效 S_3}。考虑子系统 $S_k(k=1, 2, 3)$，设第 i 个企业的第 k 个子系统的原始评价指标集为 $U_{ik}=(u_{ik1}, u_{ik2}, \cdots, u_{ikn})(k=1, 2, 3)$，无量纲化处理后的评价指标集为 $V_{ik}=(v_{ik1}, v_{ik2}, \cdots, v_{ikn})(k=1, 2, 3)$，$n$ 为第 k 个子系统的指标个数。那么，第 i 个企业的第 k 个子系统的绩效评价模型为：

$$S_{ik}=\sum_{j=1}^{n}v_{ikj}P_{ikj}, \quad k=1, 2, 3\tag{6.4}$$

式（6.4）中，S_{ik} 为第 i 个企业第 k 个子系统的绩效综合评价值，v_{ikj} 为第 i 个企业的第 k 个子系统的第 j 个无量纲指标，P_{ikj} 为第 i 个企业的第 k 个子系统的 j 个指标的权重，n 为指标个数。

根据指标无量纲化处理的计算方法可知，$S_{ik}\in[1, 5]$，并且平均水平约等于 3。

运用上述方法可以得到经济绩效、生态绩效、社会绩效的评价值，分别记为 x_i，y_i，z_i。

（2）矿井安全绩效的综合评价（距离法）。

据上可知，$x_i, y_i, z_i \in [1, 5]$，所有可能的绩效点（x_i，y_i，z_i）的集合为一个边长等于 4 的正方体，其最优点为（5，5，5），最差点为（1，1，1），重心为（3，3，3）。

定义 1： 设第 i 个企业的绩效点 M_i 的坐标为（x_i，y_i，z_i），则它与最优绩效点 M_0（5，5，5）的距离为：

$$|M_0M_i| = \sqrt{(x_i - 5)^2 + (y_i - 5)^2 + (z_i - 5)^2} \quad (6.5)$$

称（6.5）式为企业的绩效距离。

绩效距离越小，企业的静态综合绩效越优。

显然，$|M_0M_I| \in [0, 7)$，其值越小绩效越优。根据人们的判断习惯，将（6.5）式变换为：

$$sp_i = 7 - |M_0M_i| = 7 - \sqrt{(x_i - 5)^2 + (y_i - 5)^2 + (z_i - 5)^2} \quad (6.6)$$

定义 2： 称（6.6）式为第 i 个企业的综合绩效值。

$spi \in (0, 7]$，sp_i 越大，企业静态绩效越优。

根据绩效值和经济绩效、生态绩效、社会绩效之间的关系，可以对矿井经济绩效、生态绩效、社会绩效进行判断和排序。

（3）矿井安全绩效的综合评价（变权法）。

对矿井按绩效进行综合评价时，往往使用常权的综合评价方法，即权数与事物的状态值没有关系，一经确定不会因状态值的不同而不同。但是，常权综合法既难以体现对评价因素的均衡性要求，也难以体现对关键因素的激励性要求，并且存在指标间相互替代的弊端，在某些情况下违背了影响因素间的不可替代性原则，从而导致综合评价缺乏科学性和全面性。为了解决常权的这一弊端，有些学者对变权理论进行了研究。

对矿井按绩效进行综合评价要求经济绩效、生态绩效、社会绩效之间既能够保持协调一致，不应出现较大悬殊，即“均衡性”要求，又能够对那些在生态绩效和社会绩效表现好的企业给以激励，即“激励性”要求，还要求经济绩效、生态绩效、社会绩效之间不得相互替代，即“不可替代性”要求。常权综合方法难以满足这三个方面的要求，借鉴变权理论，参考温素彬（2006）变权综合评价方法，构建了矿井安全绩效的变权综合评价模型。

①变权的基本原理。

影响因素的权重随着因素状态值的变化而变化，以使因素的权重能更好地体现相应因素在决策中的作用。李洪兴（1995）给出了三种变权的公理化定义，即：惩罚型变权、激励型变权以及混合型变权。惩罚型变权强调各因素的均衡性，这种变权综合评价值对低水平的单因素评价值的减少反应灵敏，而对高水平的单因素评价值的增加反应迟钝；激励型变权与惩罚型变权正好相反；混合型变权只是对一部分因素进行惩罚，对其余因素进行激励，而不管这些因素评价值的高低。姚炳学（2000）给出局部变权的公理体系，即对低于某水平的因素进行惩罚，对高于某水平的因素进行激励。李德清（2004）给出了层次变权的决策方法。温素彬（2010）以变权理论为基础，构建了企业三重绩效的层次变权综合评价模型。

变权的公理化定义：设 $X=(x_1, x_2, \cdots, x_m)$ 为因素状态向量，$W=(w_1, w_2, \cdots, w_m)$ 为常权向量，$S(X) \in [S_1(X), S_2(X), \cdots, S_m(X)]$ 为状态变权，$W(X) \in [W_1(X), W_2(X), \cdots, W_m(X)]$ 为变权向量，则 $W(X)$ 可表示为 W 与 $S(X)$ 的归一化的阿达玛（Hadamard）乘积，即：

$$W(X)=\frac{(w_1 s_1(X), \cdots, w_m s_m(X))}{\sum_{k=1}^{m} w_k s_k(X)}=\frac{WS_j(X)}{\sum_{k=1}^{m} w_k S_k(X)} \tag{6.7}$$

惩罚型变权：

惩罚型变权强调了各因素的均衡性，对低水平的单因素评价值的减少反应灵敏，而对高水平的单因素评价值的增加反应迟钝。

定义 3： 给定映射 $W:[0,1]^m \to (0,1]^m$；如果满足条件：

第一，归一性：$\sum_{j=1}^{m} w_j(x_1, \cdots, x_m) = 1$；

第二，连续性：$w_j(x_1, \cdots, x_m)$ 关于每个变量连续；

第三，惩罚性：$w_j(x_1, \cdots, x_m)$ 关于 x_j 单调递减；

称 $W(X) = [w_1(X), \cdots, w_m(X)]$ 为惩罚型变权向量。

定义 4： 给定映射 $S:[0,1]^m \to (0,\infty)^m$，如果满足条件：

第一，$S(x_1, \cdots, x_i, \cdots, x_j, \cdots, x_m) = S(x_1, \cdots, x_j, \cdots, x_i, \cdots, x_m)$；

第二，$x_i \geqslant x_j \Rightarrow S_i(X) \leqslant S_j(X)$；

第三，$S_j(X)$ $(j = 1, 2, \cdots, m)$ 关于每个变量连续；

第四，对于任何常权向量 $W = (w_1, w_2, \cdots, w_m)$，$W(X) = \frac{WS_j(X)}{\sum_{k=1}^{m} w_k S_k(X)}$。

满足定义 3 中的三个条件，称 $S(X)$ 为惩罚型状态变权向量。

激励型变权：

激励型变权对高水平的单因素评价值的增加反应灵敏，而对低水平的单因素评价值的减少反应迟钝。

定义 5： 给定映射 $W:[0,1]^m \to (0,1]^m$，如果满足条件：

第一，归一性：$\sum_{j=1}^{m} w_J(x_1, \cdots, x_m) = 1$；

第二，连续性：$w_J(x_1, \cdots, x_m)$ 关于每个变量连续；

第三，激励性：$w_J(x_1, \cdots, x_m)$ 关于 x_J 单调递增。

称 $W(X) = [w_1(X), \cdots, w_m(X)]$ 为激励型变权向量。

定义 6：给定映射 $S: [0, 1]^m \to (0, \infty]^m$，如果满足条件：

第一，$S(x_1, \cdots, x_I, \cdots, x_J, \cdots, x_m) = S(x_1, \cdots, x_J, \cdots, x_I, \cdots, x_m)$；

第二，$x_i \geqslant x_J \Rightarrow S_I(X) \leqslant S_J(X)$；

第三，$S_J(X)$ $(j = 1, 2, \cdots, m)$ 关于每个变量连续；

第四，对于任何常权向量 $W = (w_1, w_2, \cdots, w_m)$，$W(X) = \frac{WS_j(X)}{\sum_{k=1}^{m} w_k S_k(X)}$，则称 $S(X)$ 为激励型状态变权向量。

混合型变权：

混合型变权只是对一部分因素进行惩罚，对其余因素进行激励。

定义 7：给定映射 $W: [0, 1]^m \to (0, 1]^m$，如果满足条件：

第一，归一性：$\sum_{j=1}^{m} w_J(x_1, \cdots, x_m) = 1$；

第二，连续性：$w_J(x_1, \cdots, x_m)$ 关于每个变量连续；

第三，惩罚性与激励性：当 $0 \leqslant x_J \leqslant p_j$ 时，$w_J(x_1, \cdots, x_m)$ 关于 w_j 单调递减；当 $p_j < x_j \leqslant 1$ 时，$w_j(x_1, \cdots, x_m)$ 关于 x_j 单调递增。

称 $W(X) = [w_1(X), \cdots, w_m(X)]$ 为混合型变权向量。

定义 8：给家映射 $S: [0, 1]^m \to (0, \infty]^m$，如果存在 $p_j \in (0.1)$，满足条件：

第一，$x_i \leqslant x_j \leqslant p_j \Rightarrow S_i(X) \geqslant S_j(X)$；

第二，$x_i \geqslant x_j > p_j \Rightarrow S_i(X) \geqslant S_j(X)$；

第三，$S_j(X)(j = 1, 2, \cdots, m)$ 关于每个变量连续；

第四，对于任何常权向量 $W = (w_1, w_2, \cdots, w_m)$，$W(X) = \frac{WS_j(X)}{\sum_{k=1}^{m} w_k S_k(X)}$。

满足定义 7 中的三个条件，则称 $S(X)$ 为混合型状态变权向量。

局部型变权：

局部变权是对低于某水平的因素给以惩罚，对高于某水平的因素给以激励，对中间水平的因素既不惩罚也不激励。

定义 9： 给定映射 W：$[0, 1]^m \to (0, 1]^m$，如果满足条件：

第一，归一性：$\sum_{j=1}^{m} w_j(x_1, \cdots, x_m) = 1$；

第二，连续性：$w_j(x_1, \cdots, x_m)$ 关于每个变量连续；

第三，局部变权性：存在 $\alpha_j, \beta_j \in (0, 1)$，且 $\alpha_j \leqslant \beta_j$，使得 $w_j(x_1, \cdots, x_m)$ 关于 x_j 在 $[0, \alpha_j]$ 上单调递增，而在 $[\beta_j, 1]$ 上单调递增。

则称 $W(X) = [w_1(X), \cdots, w_m(X)]$ 为局部型变权向量。

定义 10： 给定映射 S：$[0, 1]^m \to (0, \infty]^m$，如果存在 α_j，$\beta_j \in (0, 1)$，且 $\alpha_j \leqslant \beta_j$，满足条件：

第一，$x_k \leqslant x_i \leqslant \alpha_k \wedge \alpha_i \Rightarrow S_k(X) \geqslant S_i(X)$；

第二，$\alpha_k \vee \alpha_i \leqslant x_k \leqslant x_i \Rightarrow S_k(X) \leqslant S_i(X)$；

第三，$S_j(X)(j = 1, 2, \cdots, m)$ 关于每个变量连续；

第四，对于任何常权向量 $W = (w_1, w_2, \cdots, w_m)$，$W(X) = \frac{WS_j(X)}{\sum_{k=1}^{m} w_k S_k(X)}$。

满足定义 9 中的三个条件，则称 $S(X)$ 为局部型状态变权向量。

②状态变权向量的构造。

考虑到煤矿的可持续发展，煤矿在追求自身发展的过程中，需要同时满足经济繁荣、环境保护和社会福祉三个方面的要求，追求经济绩效、生态绩效、社会绩效的和谐发展，而不应有所偏废。因此，在进行矿井安全绩效综合评价时，应按照“均衡性”的要求对经济绩效、生态绩效、社会绩效进行均衡性处理。同时，针对当前煤矿重视经济绩效，忽视生态绩效和社会绩效的现状，在进行综合评价时，希望对那些在生态绩效和社会绩效方面表现好的煤矿给以激励。也就是说，矿井安全绩效的评价，既要满足均衡性的要求，又要达到激励性的效果。根据这一要求，笔者建立了层次变权综合评价模型。将煤矿绩效分为两个层次，第一层次为总系统，即综合绩效；第二层次为子系统，即经济绩效、生态绩效、社会绩效。首先，按照均衡性要求，运用惩罚型变权方法，分别对经济绩效、生态绩效、社会绩效进行综合评价；然后，按照惩罚性和激励性要求，对经济绩效、生态绩效和社会绩效进行综合。

对评价指标进行预处理

根据变权原理的要求，对评价指标进行无量纲化处理，将指标值界定在［0，1］内，采用三角函数法进行无量纲化处理。

对于正指标，无量纲化处理模型为：

$$x_{ij}=\frac{1}{2}+\frac{1}{2}\sin\left[\frac{u_{ij}-(u_{j\max}+u_{j\min})/2}{u_{j\max}-u_{j\min}}\right]\pi \tag{6.8}$$

对于逆指标，无量纲化处理模型为：

$$x_{ij}=\frac{1}{2}+\frac{1}{2}\sin\left[\frac{(u_{j\max}+u_{j\min})/2-u_{ij}}{u_{j\max}-u_{j\min}}\right]\pi \tag{6.9}$$

对于中性指标，无量纲化模型为：

$$x_{ij}=\begin{cases}\dfrac{1}{2}+\dfrac{1}{2}\sin\left[\dfrac{u_{ij}-(u_{j\min}+u_{j\mathrm{mid}})/2}{u_{j\mathrm{mid}}-u_{j\min}}\right]\pi, & u_{j\min}\leqslant u<u_{j\mathrm{mid}}\\ \dfrac{1}{2}+\dfrac{1}{2}\sin\left[\dfrac{(u_{j\mathrm{mid}}+u_{j\max})/2-u_{ij}}{u_{j\max}-u_{j\mathrm{mid}}}\right]\pi, & u_{j\mathrm{mid}}<u\leqslant u_{j\max}\end{cases} \tag{6.10}$$

式中u_{ij}为第i个子系统的第j个原始指标，x_{ij}为对应的经过无量纲化处理后的指标，$u_{j\max}$为第j个指标的行业最大值或样本最大值，$u_{j\min}$为第 j 个指标的行业最小值或样本最小值，$u_{j\mathrm{mid}}$为第 j 个指标的行业最适度值。

处理后，$x_{ij}\in(0,1]$，$i=1,2,3$。

构造状态变权向量

记各指标的状态值为 $x_{ij}(1,2,3)$，矿井安全绩效的评价值为 $y_i(i=1,2,3)$，则各子系统的因素状态向量分别为：

$$X_1=(x_{11},\cdots,x_{1l});X_2=(x_{21},\cdots,x_{2m});X_3=(x_{31},\cdots,x_{3n})。$$

总系统的因素状态向量为：$Y=(y_1,y_2,y_3)$。

按照矿井安全绩效的要求，建立状态变权向量如下：

第一，对于各子系统的评价指标，建立惩罚型状态变权向量。

$$S_{ij}(X)=e^{-\beta(x_{ij}-\overline{x_i})},(i=1,2,3)(j=1,2,\cdots,l/m/n) \tag{6.11}$$

式（6.11）中，β 为大于 0 的参数，惩罚力度随着 β 增大而增大，调节参数 β 的值，可以得到不同水平的惩罚型状态变权向量。

第二，对于经济绩效，当低于一定水平时，给予惩罚；当高于该水平时，不予惩罚也不予激励。因此，建立局部型状态变权向量如下：

$$S_1(Y)=\begin{cases}1, & y_1\in[0,a]\\ e^{\frac{\ln M}{b-a}(y_1-a)}, & y_1\in(a,b]\\ M, & y_1\in[b,1]\end{cases} \tag{6.12}$$

式（6.12）中，a，b，M 为［0，1］内的参数。称 a 为否定水平，b 为及格水平，M 为调整水平。

当 $0<y_1\leqslant a$ 时，惩罚程度最大；当 $a<y_1\leqslant b$ 时惩罚程度随 y_j 的增大而减小；当 $b<y_1\leqslant 1$ 时，不惩罚也不激励。

对调整水平 M 而言，M 越小，总的惩罚程度就越大，M 越大，总的惩罚程度就越小。调节参数 a，b，M，可以得到不同水平的状态变权向量。

第三，对于生态绩效和社会绩效，当低于一定水平时，给予惩罚；当高于一定水平时，给予激励；当处于中间水平时，不予惩罚也不予激励。因此，建立局部状态变权向量如下：

$$S_i(Y)=\begin{cases}1, & y_i\in[0,a) \\ e^{\frac{\ln M}{b-a}(y_i-a)}, & y_i\in(a,b] \\ M, & y_i\in(b,c] \\ e^{\frac{\ln M}{c-1}(y_i-1)}, & y_i\in(c,1]\end{cases}\quad(i=2,3)\tag{6.13}$$

式（6.13）中，a，b，c，M 为［0，1］内的参数。称 a 为否定水平，b 为及格水平，c 为激励水平，M 为调整水平。

当 $0\leqslant y_i<a$ 时，惩罚程度最大；当 $a<y_i\leqslant b$ 时，惩罚程度随 y_j 的增大而减小；当 $b<y_i\leqslant c$ 时，不惩罚也不激励；当 $c<y_i\leqslant 1$ 时，激励程度随着 y_i 的增大而增大。对调整水平 M 而言，M 越小，总的惩罚程度和激励程度就越大。调节参数 a，b，c，M，可以得到不同水平的状态变权向量。

③变权综合评价。

经济绩效评价模型的建立

记经济绩效评价指标的常权向量为 $W_1=(w_{11},w_{12},\cdots,w_{1l})$，因素状态向量为 $X_1=(x_{11},\cdots,x_{1l})$，则经济绩效评价指标的变权向量为 $W_1(X_1)=[w_{11}(X_1),\cdots,w_{1l}(X_1)]$，其中：

$$W_{1j}(X_1)=\frac{W_{1j}S_{1j}(X_1)}{\sum_{k=1}^{l}w_{1k}S_{1k}(X_1)},\quad j=1,2,\cdots,l\tag{6.14}$$

经济绩效的综合评价模型为：

$$y_1=X_1W_1(X_1)=\sum_{j=1}^{l}x_{1j}w_{1j}(X_1)\tag{6.15}$$

生态绩效评价模型的建立

记生态绩效评价指标的常权向量为 $W_2=(w_{21},w_{22},\cdots,w_{2m})$，因素状态向量为 $X_2=(x_{21},x_{22},\cdots,x_{2m})$，则生态绩效评价指标

的变权向量为 $W_2(X_2) = \{w_{21}(X_2), \cdots, w_{2l}(X_2)\}$，其中：

$$W_{2j}(X_2) = \frac{W_{2j}S_{2j}(X_2)}{\sum_{k=1}^{l} w_{2k}S_{2k}(X_2)}, \quad j=1, 2, \cdots, m \tag{6.16}$$

生态绩效的综合评价模型为：

$$y_2 = X_2W_2(X_2) = \sum_{j=1}^{m} x_{2j}w_{2j}(X_2) \tag{6.17}$$

社会绩效评价模型的建立

记社会绩效评价指标的常权向量为 $W_3 = (w_{31}, w_{32}, \cdots, w_{3n})$，因素状态向量为 $X_3 = (x_{31}, x_{32}, \cdots, x_{3n})$，则社会绩效评价指标的变权向量为 $W_3(X_3) = [w_{31}(X_3), \cdots, w_{31}(X_3)]$，其中：

$$W_{3j}(X_3) = \frac{W_{3j}S_{3j}(X_3)}{\sum_{k=1}^{l} w_{3k}S_{3k}(X_3)}, \quad j=1, 2, \cdots, n \tag{6.18}$$

社会绩效的综合评价模型为：

$$y_3 = X_3W_3(X_3) = \sum_{j=1}^{n} x_{3j}w_{3j}(X_3) \tag{6.19}$$

矿井安全绩效综合评价模型的建立

据前述，矿井经济绩效、生态绩效、社会绩效的常权相等，记为 $W = (w_1, w_2, w_3)$，记状态向量为 $Y = (y_1, y_2, y_3)$，则矿井经济绩效、生态绩效、社会绩效的变权向量为 $W(Y) = [w_1(Y), w_2(Y), w_3(Y)]$，其中：

$$w_j(Y) = \frac{wS_j(Y)}{\sum_{k=1}^{3} wS_k(Y)} = \frac{S_j(Y)}{\sum_{k=1}^{3} S_k(Y)}, \quad j=1, 2, 3 \tag{6.20}$$

矿井安全绩效的综合评价模型为：

$$y = YW(Y) = \sum_{j=1}^{3} y_jw_j(y) \tag{6.21}$$

3. 矿井安全绩效的和谐性评价

煤炭工业的可持续发展战略要求煤矿在经济、生态、社会三方面同时具有显著绩效，因此，在对矿井安全绩效静态综合评价的基础上，还应该对矿井安全绩效的协调性进行评价。协调性评价包括静态平衡性评价和动态协调性评价。目前对企业绩效进行和谐性评价的相关研究文献主要见于宏观经济评价中。刘艳清（2000）利用灰色系统理论的建模方法建立了区域人口、资源、环境、经济系统发展协调度模型；孟庆松和韩文秀（2000）运用协同学原理构造了复合系统的协调度指标；李桂荣（2002）运用变异系数构造了一个矿区环境与经济的静态协调度模型；张晓东（2003）借鉴灰色系统理论，构建了区域经济与环境的协调性模型；温素彬（2008）发表了“企业三重绩效评价模型”。综合上述的各种模型，笔者建立以下评价模型。

（1）矿井安全绩效的空间几何模型

将矿井安全绩效（经济绩效、生态绩效、社会绩效）分别作为空间的三个维度，就可以构造出矿井安全绩效的空间几何模型（见图 6－3）。

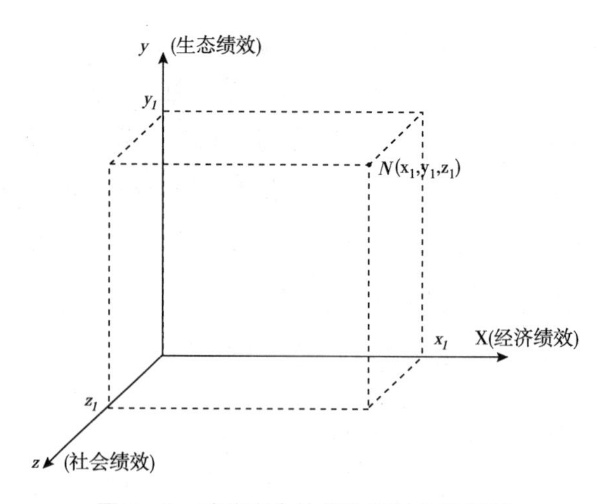

图 6－3　矿井安全绩效的空间几何模型

图 6－3 中，x 轴、y 轴、z 轴分别代表经济绩效、生态绩效、社会绩效，点 N 表示某矿井在在某一时点的安全绩效。空间几何模型就是通过三重绩效在三维空间中的位置来进行绩效评价的。

（2）矿井安全绩效静态和谐度模型

静态和谐是指经济绩效、生态绩效、社会绩效在某一时点或时段的均衡状态。根据图 6－3 所建立的空间几何模型，矿井安全绩效在绩效正方体的对角线 l：$x=y=z$ 上处于最均衡状态。所以不妨将对角线 l：$x=y=z$ 称为矿井安全绩效的最佳均衡线（见图 6－4）。

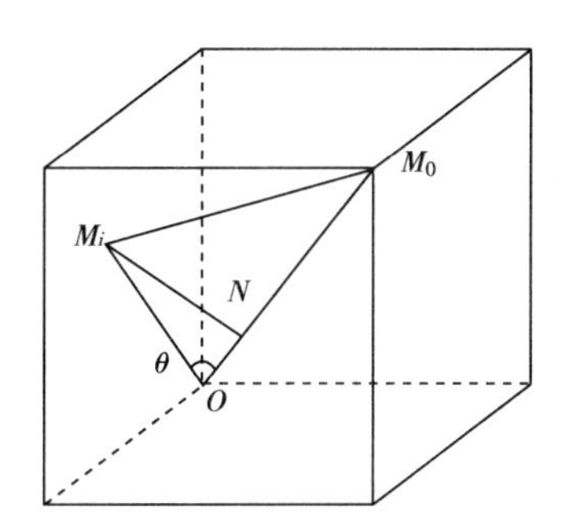

图 6－4　三重绩效和谐性示意图

图 6－4 中，OM_i 为绩效点 $M_i(x_i, y_i, z_i)$ 与最差绩效点 O（1，1，1）之间的连线，OM_0 为最佳均衡线，M_iM_o 为绩效距离，M_iN 为点 M_i 到最佳均衡线 OM_0 的垂线，θ 为 OM_i 与 OM_0 的夹角。

按照和谐性的要求，可以用 OM_i 与 OM_0 的夹角 θ 作为绩效和谐性的判断依据。夹角 θ 越小，绩效点越接近最佳均衡线，三重绩效越和谐，夹角 θ 越大，绩效点越远离最佳均衡线，经济绩效、生态绩效、社会绩效越不和谐。为了与绩效值的判断方向一致，进一步计算夹角 θ 的余弦，来判断三重绩效的和谐性，角 θ 的余弦越大，经济绩效、生态绩效、社会绩效的和谐性程度越高。

图 6－4 中，各线段的距离如下：

$$|OM_i| = \sqrt{(x_i-1)^2+(y_i-1)^2+(z_i-1)^2}$$

$$|M_iN| = \sqrt{x_i^2+y_i^2+z_i^2-\frac{(x_i+y_i+z_i)^2}{3}}$$

$$|ON| = \sqrt{|OM_i|^2 + |M_iN|^2} = \frac{x+y+z-3}{\sqrt{3}}$$

则

$$\cos\theta = \frac{|ON|}{|OM_i|} = \frac{x+y+z-3}{\sqrt{3[(x-1)^2+(y-1)^2+(z-1)^2]}}$$

令 $sc_i = \cos\theta$，$\frac{\sqrt{3}}{3} \leqslant \cos\theta \leqslant 1$。

定义 11：称 sc_i 为第 i 个矿井的安全绩效的静态和谐度。

$$sc_i \in \left[\frac{\sqrt{3}}{3},\ 1\right] \approx (0.5,\ 1]。$$

（3）矿井安全绩效动态和谐度模型

动态和谐是指矿井的经济绩效、生态绩效、社会绩效趋于最优方向的动态发展程度，包括绩效水平的发展程度和静态和谐性的改善程度。如果将某矿井不同时间的绩效点绘制于同一个三维空间中，则形成该企业的安全绩效发展轨迹。按照动态和谐的要求，该轨迹应该越来越向最优点延伸，越来越向最佳均衡线靠拢，即静态绩效应该越来越大，静态和谐度应该越来越大。因此，可以用静态绩效的平均增减水平和静态和谐度的平均增减水平来综合反映矿井安全绩效的动态协调程度。

根据相关指标的数量特征，提出如下定义：

定义 12：令 $sp_i^{(i)}$ 为第 i 个矿井第 t 期的静态绩效值，$sc_i^{(i)}$ 为 i 个矿井第 t 期的静态和谐度，$sp_i \in (0,\ 7)$，$sc_i \in (0.5,\ 1)$。则（6.22）式称为第 i 个矿井的安全绩效的动态和谐度。

$$dc_i = \sqrt[2n]{\prod_{t=1}^{n} \{[\frac{sp_i^{(t)} - sp_i^{(t-1)}}{7} + 1][2(sc_i^{(t)} - sc_i^{(t-1)}) + 1]\}} \quad (6.22)$$

显示，$dc_i \in (0,\ 2)$，dc_i 越大，矿井安全绩效的动态和谐程度越高，并可做出如下判断：

若 $dc_i > 1$，说明矿井的绩效水平及其平衡性总体上趋于改善；

若 $dc_i < 1$，说明矿井的绩效水平及其平衡性总体上趋于退步；

若 $dc_i = 1$，说明矿井的绩效水平及其平衡性总体上稳定不变。

(4) 矿井安全绩效综合评价的和谐度调整模型

以绩效综合评价为基础，运用静态和谐度和动态和谐度对其进行调整后，便形成矿井安全绩效的和谐度调整模型。

$$F_i = sp_i \times sc_i \times dc_i \tag{6.23}$$

式（6.23）中，F_i 为第 i 个矿井经和谐性调整后的综合绩效，sp_i 为矿井静态绩效值，sc_i 为静态和谐度，dc_i 为动态和谐度。

调整后的综合绩效既反映了矿井安全绩效的静态综合水平，又反映了矿井安全绩效的静态和谐度和动态和谐度。

第四节　矿井安全绩效评价实证研究

实证分析，选择山东 4 家煤矿（设定为煤矿 A、煤矿 B、煤矿 C、煤矿 D）为样本，隶属于两大矿业集团。在样本选择上主要有 3 点考虑：一是这些企业都具有一定规模，在社会上都有一定影响，在履行社会责任方面都具有较好的条件；二是财务数据比较容易取得；三是选择山东地区在组织问卷调查上比较易于进行，同时这些煤矿具有一定的代表性。

矿井安全绩效实证研究过程分三个阶段：首先，对现场调研、收集资料。主要通过查阅管理、技术基础档案，与相关专家、领导访谈，实地观察走访完成第一手资料的收集和汇总任务（见表 6－9～表 6－11）。其次，对现场收集的第一手资料进行筛选、归类和调整，得出应用研究所需的指标数据，并根据提出的相关方法模型进行运算分析，得出运算结果（见表 6－12～表 6－22）。最后，对运算结果进行分析、评价，得出应用分析结论（见表 6－23～表 6－25）。

一　原始指标数据

1. 矿井经济绩效方案层指标原始数据

表 6－9　经济绩效方案层指标原始数据

准则层指标	方案层指标	A	B	C	D
经济绩效（v_{1j}）	有效增加值率 u_{11}	0.39	0.47	0.76	0.81
	资产增加值率 u_{12}	0.33	0.48	0.77	0.83
	净资产收益率 u_{13}	0.30	0.70	0.96	0.98
	附加经济价值率 u_{14}	0.31	0.52	0.98	0.93
	流动比率 u_{15}	0.66	0.31	0.90	0.87
	资产负债率 u_{16}	0.65	0.24	0.24	0.75
	应收账款周转率 u_{17}	0.31	0.57	1.05	0.97
	存货周转率 u_{18}	0.32	0.53	1.05	1.00
	单位资产有效增加值现金流 u_{19}	0.32	0.50	0.97	0.91
	单位资产经营活动现金流 u_{110}	0.39	0.62	0.98	0.92

注：v_{1j}表示经济绩效的第 j 个无量纲化指标，如 v_{110} 表示经济绩效的第 10 个无量纲化指标。

2. 矿井生态绩效方案层指标原始数据

表 6－10　生态绩效方案层指标原始数据

准则层指标	方案层指标	A	B	C	D
生态绩效（v_{2j}）	能源投入产出率 u_{21}	0.30	0.73	0.55	0.98
	再生能源使用率 u_{22}	0.33	0.80	0.17	0.89
	煤炭资源回收率 u_{23}	0.53	0.80	0.87	0.63
	矿产资源综合利用率 u_{24}	0.48	0.48	0.21	0.97
	原料投入产出率 u_{25}	0.31	0.61	0.40	0.99
	水利用产出率 u_{26}	0.72	0.21	0.63	0.93
	水资源利用率 u_{27}	0.45	0.89	0.20	0.77
	气候指标变率 u_{28}	0.33	0.65	0.33	0.97
	单位产出 GHG 排放量 u_{29}	0.58	0.30	0.33	0.98
	单位产出 ODS 排放量 u_{210}	0.57	0.48	0.21	0.97
	单位产出废弃物排放量 u_{211}	0.70	0.51	0.11	0.95

续表

准则层指标	方案层指标	A	B	C	D
生态绩效（v_{2j}）	单位排水的 COD、BOD 量 u_{212}	0.39	0.53	0.23	0.96
	废弃物处理率 u_{213}	0.46	0.68	0.22	0.93
	植被指数 u_{214}	0.41	0.34	0.86	0.95
	环保供应商比重 u_{215}	0.65	0.20	0.20	1.00
	灰分 u_{216}	0.22	0.33	0.22	0.54
	含矸率 u_{217}	0.21	0.28	0.15	0.35
	是否通过 ISO14000 认证 u_{218}	0.30	0.88	0.30	0.88
	生态保护的计划与政策 u_{219}	0.30	0.73	0.30	0.98
	生态保护计划目标实现率 u_{220}	0.55	0.89	0.18	0.69
	环保投资比重 u_{221}	0.46	0.70	0.20	0.95

注：v_{2j}表示经济绩效的第j个无量纲化指标，如v_{221}表示生态绩效的第21个无量纲化指标。

3. 矿井社会绩效方案层指标原始数据

表6－11　社会绩效方案层指标原始数据

准则层指标	方案层指标	A	B	C	D
社会绩效（v_{3j}）	是否通过 SA8000 认证 u_{31}	0.38	0.38	0.38	1.00
	工作环境 u_{32}	0.58	0.58	0.21	0.93
	百万吨死亡率 u_{33}	0.55	0.44	0.21	1.00
	矿工的社会保险计提率 u_{34}	0.46	0.68	0.21	0.93
	就业状况 u_{35}	0.71	0.41	0.08	1.01
	培训费、保健费与有效增加值之比 u_{36}	0.30	0.18	0.06	0.55
	矿工的学习能力 u_{37}	0.83	0.97	0.18	0.18
	社会捐赠占增加值的比重 u_{38}	0.56	0.37	0.33	1.00
	公平竞争 u_{39}	0.65	0.65	0.48	0.65
	企业诚信状况 u_{310}	0.33	0.65	0.33	0.97
	企业的配置能力 u_{311}	0.46	0.70	0.18	0.92
	企业的评估能力 u_{312}	0.65	0.30	1.00	1.00
	顾客满意度 u_{313}	0.75	0.45	0.75	1.00
	产品销售率 u_{314}	0.65	0.42	0.94	0.95
	是否通过 ISO9000 认证 u_{315}	0.38	0.38	0.38	1.00
	广告的社会效应 u_{316}	0.35	0.31	0.96	0.94

注：v_{3j}表示经济绩效的第j个无量纲化指标，如v_{316}表示社会绩效的第16个无量纲化指标。

二　矿井安全绩效综合评价

利用综合评价模型（应用空间距离法）对矿井安全绩效进行评价。无量纲指标见表6－12～表6－14，矿井安全绩效的综合评价见表6－15。

表6－12　矿井经济绩效评价指标的无量纲数据（空间距离法）

准则层指标	方案层指标	权　重	A	B	C	D
经济绩效（v_{1j}）	有效增加值率 v_{11}	0.2098	4.48	5.00	1.11	1.48
	资产增加值率 v_{12}	0.2098	2.38	5.00	1.00	1.38
	净资产收益率 v_{13}	0.0725	4.90	5.00	1.00	3.62
	附加经济价值率 v_{14}	0.0725	5.00	4.85	1.00	1.59
	流动比率 v_{15}	0.0725	4.92	4.25	2.72	1.00
	资产负债率 v_{16}	0.0725	1.00	4.45	3.59	1.00
	应收账款周转率 v_{17}	0.0725	5.00	4.88	1.00	2.00
	存货周转率 v_{18}	0.0725	5.00	4.95	1.00	1.75
	单位资产有效增加值现金流 v_{19}	0.0727	5.00	4.94	1.00	1.50
	单位资产经营活动现金流 v_{110}	0.0727	5.00	4.21	1.14	2.45

注：v_{1j}表示经济绩效的第j个无量纲化指标，如v_{110}表示经济绩效的第10个无量纲化指标。

表6－13　矿井生态绩效评价指标的无量纲数据（空间距离法）

准则层指标	方案层指标	权　重	A	B	C	D
生态绩效（v_{2j}）	能源投入产出率 v_{21}	0.0702	2.00	5.00	1.00	4.00
	再生能源使用率 v_{22}	0.0702	1.00	5.00	3.00	4.90
	煤炭资源回收率 v_{23}	0.0552	4.55	3.45	3.00	4.25
	矿产资源综合利用率 v_{24}	0.0702	1.00	5.00	1.75	1.75
	原料投入产出率 v_{25}	0.0702	1.20	5.00	1.00	2.55
	水利用产出率 v_{26}	0.0402	3.24	5.00	3.71	1.00
	水资源利用率 v_{27}	0.0431	1.00	4.62	2.00	5.00
	气候指标变率 v_{28}	0.0431	1.00	5.00	1.01	3.00

续表

准则层指标	方案层指标	权　重	A	B	C	D
生态绩效 (v_{2j})	单位产出 GHG 排放量 v_{29}	0.0451	1.15	5.00	2.23	1.00
	单位产出 ODS 排放量 v_{210}	0.0451	1.00	5.00	2.65	2.00
	单位产出废弃物排放量 v_{211}	0.0451	1.00	5.00	4.08	2.72
	单位排水的 COD、BOD 量 v_{212}	0.0451	1.00	5.00	1.17	2.00
	废弃物处理率 v_{213}	0.0702	1.00	5.00	1.92	3.77
	植被指数 v_{214}	0.0401	3.00	5.00	1.03	1.00
	环保供应商比重 v_{215}	0.0261	1.12	5.00	3.00	1.00
	灰分 v_{216}	0.0562	1.00	3.00	1.00	2.00
	含矸率 v_{217}	0.0562	1.00	2.72	1.32	1.72
	是否通过 ISO14000 认证 v_{218}	0.0562	1.00	5.00	1.00	5.00
	生态保护的计划与政策 v_{219}	0.0261	1.00	5.00	1.00	4.00
	生态保护计划目标实现率 v_{220}	0.0261	1.00	4.18	3.00	5.00
	环保投资比重 v_{221}	0.0261	1.00	5.00	2.00	4.00

注：v_{2j}表示生态绩效的第j个无量纲化指标，如v_{221}表示生态绩效的第21个无量纲化指标。

表 6－14　矿井社会绩效评价指标的无量纲数据（空间距离法）

准则层指标	方案层指标	权　重	A	B	C	D
社会绩效 (v_{3j})	是否通过 SA8000 认证 v_{31}	0.1231	1.00	5.00	1.00	1.00
	工作环境 v_{32}	0.0916	1.00	5.00	3.00	3.00
	百万吨死亡率 v_{33}	0.0916	1.00	5.00	2.38	1.59
	矿工的社会保险计提率 v_{34}	0.0926	1.00	5.00	1.89	3.77
	就业状况 v_{35}	0.0617	1.00	5.00	4.00	2.00
	培训费保健费与有效增加值比 v_{36}	0.0617	1.00	5.00	2.55	1.20
	矿工的学习能力 v_{37}	0.0926	1.00	1.00	4.62	5.00
	社会捐赠占增加值的比重 v_{38}	0.0397	1.00	5.00	2.23	1.15
	公平竞争 v_{39}	0.0298	1.00	3.00	3.00	3.00
	企业诚信状况 v_{310}	0.0496	1.00	5.00	1.00	3.00
	企业的配置能力 v_{311}	0.0397	1.00	5.00	2.00	4.00
	企业的评估能力 v_{312}	0.0397	5.00	5.00	3.00	1.00

续表

准则层指标	方案层指标	权　重	A	B	C	D
社会绩效（v_{3j}）	顾客满意度 v_{313}	0.0645	3.00	5.00	3.00	1.00
	产品销售率 v_{314}	0.0553	4.00	5.00	2.00	1.00
	是否通过 ISO9000 认证 v_{315}	0.0369	1.00	5.00	1.00	1.00
	广告的社会效应 v_{316}	0.0283	5.00	4.69	2.46	1.00

注：v_{3j}表示社会绩效的第 j 个无量纲化指标，如 v_{316} 表示社会绩效的第 16 个无量纲化指标。

表 6－15　矿井安全绩效的综合评价（空间距离法）

绩　效	A	B	C	D
经济绩效	4.1327	4.9233	1.5003	1.6836
生态绩效	1.3727	4.7986	1.8365	3.1683
社会绩效	1.4849	4.6015	2.5023	2.2316
综合绩效	2.0325	6.3137	1.6235	2.4061

从表 6－15 评价数据上来看，4 个煤矿的经济绩效的顺序为：B＞A＞D＞C；生态绩效的顺序为：B＞D＞C＞A；社会绩效的顺序为：B＞C＞D＞A；综合绩效的顺序为：B＞D＞A＞C。煤矿 B 的综合绩效是最好的，安全绩效也比较均衡；煤矿 A 的经济绩效比较好，由于生态绩效和社会绩效相对比较差，所以综合评价效果比较低；煤矿 D 的经济绩效表现不好，但生态绩效、社会绩效好于煤矿 A，所以综合排名在 A 之前；煤矿 C 在经济、生态、社会三个方面表现都不够好，综合排名最后。

三　矿井安全绩效综合评价（变权综合评价）

第一，对原始指标进行无量纲化处理，得到状态变权向量 $X_i=(x_{i1},\cdots,x_{ij})$，$x_{ij}\in[0,1]$（见表 6－16～表 6－18）。

第二，对不同层次的评价指标构造做相应的状态变权向量。

第三，计算变权向量（见表 6－19～表 6－22）。

第四，对经济绩效、生态绩效、社会绩效分别评价，再对综合绩效评价（见表 6－23）。

表 6-16　矿井经济绩效评价指标的无量纲化数据（变权综合法）

准则层指标	方案层指标	常　权	A	B	C	D
经济绩效（x_{1j}）	有效增加值率 x_{11}	0.2098	0.86	1.00	0.03	0.13
	资产增加值率 x_{12}	0.2098	0.35	1.00	0.00	0.10
	净资产收益率 x_{13}	0.0725	0.98	1.00	0.00	0.65
	附加经济价值率 x_{14}	0.0725	1.00	0.96	0.00	0.15
	流动比率 x_{15}	0.0725	0.98	0.81	0.43	0.00
	资产负债率 x_{16}	0.0725	0.00	0.86	0.65	0.00
	应收账款周转率 x_{17}	0.0725	1.00	0.97	0.00	0.25
	存货周转率 x_{18}	0.0725	1.00	0.99	0.00	0.19
	单位资产有效增加值现金流 x_{19}	0.0727	1.00	0.99	0.00	0.13
	单位资产经营活动现金流 x_{110}	0.0727	1.00	0.80	0.03	0.36

注：x_{1j}表示经济绩效的第 j 个无量纲化指标，如 x_{110} 表示经济绩效的第 10 个无量纲化指标。

表 6-17　矿井生态绩效评价指标的无量纲化数据（变权综合法）

准则层指标	方案层指标	常　权	A	B	C	D
生态绩效（x_{2j}）	能源投入产出率 x_{21}	0.0702	0.25	1.00	0.03	0.75
	再生能源使用率 x_{22}	0.0702	0.05	0.07	0.05	0.08
	煤炭资源回收率 x_{23}	0.0552	0.80	0.61	0.70	0.81
	矿产资源综合利用率 x_{24}	0.0702	0.05	0.90	0.19	0.19
	原料投入产出率 x_{25}	0.0702	0.55	0.50	0.60	0.39
	水利用产出率 x_{26}	0.0402	0.56	0.50	0.68	0.50
	水资源利用率 x_{27}	0.0431	0.30	0.60	0.25	0.40
	气候指标变率 x_{28}	0.0431	0.30	0.20	0.05	0.50
	单位产出 GHG 排放量 x_{29}	0.0451	0.04	1.00	0.31	0.00
	单位产出 ODS 排放量 x_{210}	0.0451	0.00	1.00	0.41	0.25
	单位产出废弃物排放量 x_{211}	0.0451	0.00	1.00	0.77	0.43
	单位排水的 COD、BOD 量 x_{212}	0.0451	0.00	1.00	0.04	0.25
	废弃物处理率 x_{213}	0.0702	0.50	0.80	0.22	0.69
	植被指数 x_{214}	0.0401	0.28	0.51	0.20	0.28
	环保供应商比重 x_{215}	0.0261	0.19	1.00	0.51	0.00

续表

准则层指标	方案层指标	常　权	A	B	C	D
生态绩效（x_{2j}）	灰分 x_{216}	0.0562	0.07	0.10	0.03	0.15
	含矸率 x_{217}	0.0562	0.30	0.48	0.08	0.23
	是否通过 ISO14000 认证 x_{218}	0.0562	0.00	1.00	0.00	1.00
	生态保护的计划与政策 x_{219}	0.0261	0.00	1.00	0.00	0.75
	生态保护计划目标实现率 x_{220}	0.0261	0.00	0.79	0.50	1.00
	环保投资比重 x_{221}	0.0261	0.00	1.00	0.25	0.75

注：x_{2j}表示生态绩效的第 j 个无量纲化指标，如 x_{221} 表示生态绩效的第 21 个无量纲化指标。

表 6－18　矿井社会绩效评价指标的无量纲数据（变权综合法）

准则层指标	方案层指标	常　权	A	B	C	D
社会绩效（x_{3j}）	是否通过 SA8000 认证 x_{31}	0.1231	0.00	1.00	0.00	0.00
	工作环境 x_{32}	0.0916	0.00	1.00	0.50	0.50
	百万吨死亡率 x_{33}	0.0916	0.00	1.00	0.35	0.15
	矿工的社会保险计提率 x_{34}	0.0926	0.00	1.00	0.22	0.69
	就业状况 x_{35}	0.0617	0.00	1.00	0.75	0.25
	培训费、保健费与有效增加值比 x_{36}	0.0617	0.00	1.00	0.39	0.05
	矿工的学习能力 x_{37}	0.0926	0.00	0.00	0.90	1.00
	社会捐赠占增加值的比重 x_{38}	0.0397	0.00	1.00	0.31	0.04
	公平竞争 x_{39}	0.0298	0.00	0.50	0.50	0.50
	企业诚信状况 x_{310}	0.0496	0.00	1.00	0.00	0.50
	企业的配置能力 x_{311}	0.0397	0.00	1.00	0.25	0.75
	企业的评估能力 x_{312}	0.0397	1.00	1.00	0.50	0.00
	顾客满意度 x_{313}	0.0645	0.50	1.00	0.50	0.00
	产品销售率 x_{314}	0.0553	0.75	1.00	0.25	0.00
	是否通过 ISO9000 认证 x_{315}	0.0369	0.00	1.00	0.00	0.00
	广告的社会效应 x_{316}	0.0276	1.00	0.91	0.38	0.00

注：x_{3j}表示社会绩效的第 j 个无量纲化指标，如 x_{316} 表示社会绩效的第 16 个无量纲化指标。

表 6－19　矿井经济绩效评价指标的变权向量

准则层指标	方案层指标	A	B	C	D
经济绩效（x_{1j}）	有效增加值率 x_{11}	0.126	0.189	0.108	0.221
	资产增加值率 x_{12}	0.371	0.190	0.117	0.223
	净资产收益率 x_{13}	0.036	0.066	0.117	0.026
	附加经济价值率 x_{14}	0.035	0.071	0.117	0.073
	流动比率 x_{15}	0.036	0.096	0.049	0.098
	资产负债率 x_{16}	0.256	0.086	0.032	0.098
	应收账款周转率 x_{17}	0.035	0.070	0.117	0.059
	存货周转率 x_{18}	0.035	0.067	0.117	0.067
	单位资产有效增加值现金流 x_{19}	0.035	0.068	0.117	0.076
	单位资产经营活动现金流 x_{110}	0.035	0.098	0.109	0.047

表 6－20　矿井生态绩效评价指标的变权向量

准则层指标	方案层指标	A	B	C	D
生态绩效（x_{2j}）	能源投入产出率 x_{21}	0.049	0.065	0.097	0.036
	再生能源使用率 x_{22}	0.081	0.065	0.036	0.023
	煤炭资源回收率 x_{23}	0.006	0.081	0.056	0.018
	矿产资源综合利用率 x_{24}	0.046	0.037	0.038	0.064
	原料投入产出率 x_{25}	0.021	0.019	0.028	0.022
	水利用产出率 x_{26}	0.015	0.037	0.014	0.093
	水资源利用率 x_{27}	0.081	0.079	0.059	0.022
	气候指标变率 x_{28}	0.081	0.065	0.097	0.060
	单位产出 GHG 排放量 x_{29}	0.052	0.045	0.036	0.113
	单位产出 ODS 排放量 x_{210}	0.056	0.045	0.029	0.068
	单位产出废弃物排放量 x_{211}	0.056	0.045	0.014	0.048
	单位排水的 COD、BOD 量 x_{212}	0.056	0.045	0.062	0.068
	废弃物处理率 x_{213}	0.055	0.046	0.045	0.027
	植被指数 x_{214}	0.019	0.048	0.073	0.127

续表

准则层指标	方案层指标	A	B	C	D
生态绩效（x_{2j}）	环保供应商比重 x_{215}	0.029	0.023	0.015	0.058
	灰分 x_{216}	0.065	0.052	0.078	0.029
	含矸率 x_{217}	0.065	0.054	0.067	0.055
	是否通过 ISO14000 认证 x_{218}	0.065	0.052	0.078	0.018
	生态保护的计划与政策 x_{219}	0.032	0.026	0.039	0.015
	生态保护计划目标实现率 x_{220}	0.032	0.039	0.014	0.009
	环保投资比重 x_{221}	0.032	0.026	0.024	0.015

表 6－21　矿井社会绩效评价指标的变权向量

准则层指标	方案层指标	A	B	C	D
社会绩效（x_{3j}）	是否通过 SA8000 认证 x_{31}	0.144	0.075	0.225	0.189
	工作环境 x_{32}	0.108	0.056	0.062	0.052
	百万吨死亡率 x_{33}	0.108	0.056	0.085	0.106
	矿工的社会保险计提率 x_{34}	0.108	0.056	0.108	0.035
	就业状况 x_{35}	0.072	0.037	0.025	0.057
	培训费、保健费与有效增加值之比 x_{36}	0.072	0.037	0.052	0.085
	矿工的学习能力 x_{37}	0.108	0.415	0.028	0.019
	社会捐赠占增加值的比重 x_{38}	0.046	0.024	0.039	0.056
	公平竞争 x_{39}	0.035	0.049	0.020	0.017
	企业诚信状况 x_{310}	0.058	0.030	0.090	0.028
	企业的配置能力 x_{311}	0.046	0.024	0.044	0.014
	企业的评估能力 x_{312}	0.006	0.024	0.027	0.061
	顾客满意度 x_{313}	0.028	0.039	0.043	0.099
	产品销售率 x_{314}	0.014	0.034	0.061	0.084
	是否通过 ISO9000 认证 x_{315}	0.045	0.021	0.066	0.053
	广告的社会效应 x_{316}	0.039	0.020	0.023	0.041

表6-22　矿井安全绩效（经济、生态、社会绩效）的变权向量

绩　效	A	B	C	D
经济绩效	0.180	0.213	0.397	0.401
生态绩效	0.395	0.437	0.335	0.237
社会绩效	0.436	0.368	0.228	0.392

表6-23　矿井安全绩效（经济、生态、社会绩效）的变权综合评价

绩　效	A	B	C	D
经济绩效	0.493	0.965	0.053	0.140
生态绩效	0.038	0.878	0.119	0.295
社会绩效	0.037	0.613	0.251	0.157
综合绩效	0.107	0.796	0.119	0.168

为使结果相对合理科学，用常权综合方法进行综合评价，评价结果见表6-24。

表6-24　矿井安全绩效（经济、生态、社会绩效）的常权综合评价

绩　效	A	B	C	D
经济绩效	0.771	0.976	0.096	0.182
生态绩效	0.107	0.895	0.206	0.535
社会绩效	0.146	0.901	0.373	0.318
综合绩效	0.326	0.873	0.198	0.339

从表6-23和表6-24评价数据上发现，常权评价，4个煤矿的综合绩效排名顺序为：B>D>A>C；变权评价，4个煤矿的综合绩效排名顺序为：B>D>C>A，综合排名存在一定的差异，并且变权综合评价值比之常权综合评价值都有不同程度的减小。产生这种结果的原因：一是每个煤矿的安全绩效都没有达到最佳的均衡状态，都不同程度地受到了“惩罚”，所以变权综合评价值比之常权综合评价值都有所减小。二是每个煤矿受到的“惩罚”和“激励”程度不同，所以综合排名产生了差异。例如，煤

矿 B 在受到指标间“均衡化”（惩罚）处理后，但由于生态绩效表现较好，又受到一定程度的“激励”，其余煤矿都受到了“惩罚”却没有受到“激励”，煤矿 A 由于在生态绩效和社会绩效方面表现最差，受到的“惩罚”最大，这样，煤矿 A 的综合排名落于最后。变权综合评价既考虑了企业绩效之间的均衡性，又对那些在生态绩效和社会绩效方面表现好的企业予以激励，同时也避免了评价指标之间的相互替代现象，从而使综合评价更加具有科学性。

四　矿井安全绩效和谐性评价（三角函数法）

应用前述的和谐度评价方法进一步对矿井安全绩效（经济绩效、生态绩效、社会绩效）的和谐性进行评价，评价结果见表 6－25。

表 6－25　矿井安全绩效的和谐性评价（三角函数法）

评价项目	A	B	C	D
综合绩效（调整前）	1.8876	5.9756	1.5602	2.2958
静态和谐度	0.9156	0.9879	0.9076	0.9132
动态和谐度	1.05	1.31	0.96	1.25
综合绩效（调整后）	1.5735	8.7351	1.3426	2.5785

从矿井安全绩效的和谐性评价数值来看，分值都达到了 0.90 以上，说明参与评价的 4 家煤矿的协调度都比较好，也就是说各煤矿的经济绩效、生态绩效、社会绩效之间是相对协调一致的。4 个煤矿的安全绩效协调度得分的顺序为 B > D > A > C。煤矿 B 的和谐性最好，煤矿 D 的和谐性也比较好，煤矿 A、煤矿 C 的和谐性比较差。经和谐性调整后，B 的综合绩效评价值进一步增加。考虑和谐性后，企业绩效的综合评价值更能够体现可持续发展对经济绩效、生态绩效、社会绩效的协调性和持续性的要求。

需要特别指出的是，由于上述评价将样本最大值和最小值作为行业最大值和最小值，使得评价结果只适用于在样本之间，即

B 的三重绩效协调度数值指标是在此样本结构中的协调度相对较好，并非达到了真正意义上的三重绩效的协调。

无论是从理论研究，还是从本研究所进行的实地访谈、实证检验都证明了煤矿承担社会责任所产生的社会绩效、生态绩效对企业经济绩效将产生积极的、正面的推动作用，三者之间将形成一个持续的“绩效链”。证明了以经济绩效、生态绩效和社会绩效为基石构建的三大模块的矿井安全绩效评价模型，其内在的运行机制将促使煤矿走上一条健康的、共生共赢的、持续发展的道路。

第五节　矿井安全绩效评价的应用改善

企业绩效评价自问世以来，应用领域随着评价体系的不断完善而日趋广泛。这里基于系统理论、利益相关者理论与可持续发展理论研究建立的矿井安全绩效评价体系，通过矿井的实际验证，应用价值得到了较为充分的展现。然而，随着我国市场经济体制不断完善和市场化程度进一步提高，矿井安全绩效评价发展所面临的问题也将更加突出，需要研究和探索的问题还会很多，面向未来，矿井安全绩效评价应在不断解决这些问题的基础上，进一步为新环境下的煤炭工业发展提供更好的服务。

一　矿井安全效绩评价体系的应用方向

企业绩效评价是一门与经济发展、企业管理密切相关的实用性科学，不断研究和完善矿井安全绩效评价体系的目的，就是要适应加强和改进煤炭企业管理需要，推动与相关产业的同步发展。其应用主要表现以下几个方面。

1. 为政府间接管理煤炭企业服务

煤炭工业是国民经济的主导和基础产业。随着市场经济体制的发展和完善，政府与煤炭企业的关系发生了根本性转变，政府和煤炭企业之间形成一种新型的政企关系。通过实施安全绩效评价，掌握煤炭企业的运行状况及经营结果，进而制定有利于政府宏观管理的调控政策，实现对煤炭企业的间接管理。

（1）使矿井安全绩效评价结果成为政府进行煤炭经济战略性调整的重要决策参考。实施煤炭经济战略性调整，离不开矿井安全绩效评价的辅助。政府部门通过绩效评价拥有足够的煤炭企业基础数据，了解煤炭经济的运行质量，从而可在煤炭经济战略性调整中发挥作用。

（2）运用矿井安全绩效评价结果改进授权经营管理。安全绩效评价结果是对授权经营主体经营管理效果的直接反映，也是对授权经营管理方式的直接检验。通过实施安全绩效评价，实施授权监督和授权考核，可促进提高授权效果，并据此做出相应的授权经营决策，如调整授权范围、收回所授权利、改进授权方式等。

（3）运用矿井安全绩效评价促进企业运行质量的提高。提高矿井安全绩效运行质量需要多管齐下，综合治理，培育诚信、履行社会责任、规范制度、加强监督等，引导煤矿经营行为是一个可持续发展方式。由于矿井安全绩效评价体系对企业绩效的考核，要通过全面考查企业的经济行为、社会行为、生态行为、管理水平、风险控制和发展潜力等，将煤矿引导到注重长远利益、克服短期行为上来，可在客观上促进煤矿的可持续发展。

2. 为经营者服务

通过矿井安全绩效评价，进一步促进建立健全煤矿经营者激励与约束机制。资本所有者通过制定合理的经营者收入分配政策，使经营者的利益与所有者的利益趋于一致，有效激励和调动经营者的积极性，同时加强相应的监督与约束，从而最大限度地满足所有者的资本增值要求。矿井安全绩效评价体系的建立是煤炭企业考核制度的重大改革，通过对煤矿的全面经营管理实绩

（既有经济的和社会的，还有生态的），按照量化和非量化的双重指标进行对比分析，判断企业优劣，作为奖惩依据，克服了过去考核中鞭打快牛和讨价还价的弊端，促进煤矿改善经营管理，向可持续发展水平看齐，推动煤矿建立自我发展的激励与约束机制。

（1）通过矿井安全绩效评价，以客观、公正和公平的企业发展成果评判，为建立企业经营者有效激励制度提供可靠依据，使企业经营者的收入水平和收入机制与经营成果有机结合起来，促进形成责任与风险相对应的经营机制，以适应现代企业制度发展的基本要求。

（2）通过矿井安全绩效评价考察经营者素质，明确区分个人贡献的大小，从而对企业经营者的考核提供客观依据。矿井安全绩效评价指标体系不仅注重对企业经营者业绩的定量分析，而且注重对企业经营者组织能力、系统能力、决策水平、道德素养、社会责任等方面的定性分析。通过综合的安全绩效评价，不仅能使企业经营者及时发现自身存在的问题和差距，有利于进一步加强和完善企业经营管理，同时也对企业经营者的考核提供了客观依据。

3. 为煤炭企业经营者加强管理提高经济效益服务

矿井安全绩效评价在为矿井各利益主体服务的同时，也为企业经营者强化内部管理提供了重要的手段。具体表现在：一是矿井安全绩效评价能够促进经营者提升计划管理的有效性，提高经营者的管理效率，从而提高企业经济效益、社会效益和生态效益。二是通过建立矿井安全评价体系，规范企业内部管理制度。本研究建立的矿井安全绩效评价体系，有利于采用科学的方法对煤矿实施全面综合系统管理。三是通过矿井安全绩效评价，发现企业管理问题，并提出改革措施，提高煤矿管理的有效性、系统性和持续性。矿井安全绩效评价是一个系统管理体系，可以较为直观地全面地发现煤矿管理的薄弱环节和问题成因，从而正确判断企业的实际经营水平，进一步促进企业改善经营，提高管理者综合素质，增强企业均衡发展实力。

4. 为煤炭企业实现价值最大化目标服务

煤炭企业价值最大化企业的一个综合性目标函数，具有前瞻性、系统性等特点。所谓前瞻性，是指煤炭企业价值及其最大化着眼于未来时期的财富生成与分配的一个概念。这种前瞻性一方面可以延续企业截止到目前有助于可持续发展的一切特征，同时，更重要的是也隐含了企业管理者对未来发展的控制实力。这种控制实力越雄厚，企业价值最大化实现的可能性也就越大。所谓系统性，是指煤炭企业价值概念涵盖了一些极其重要的概念，比如可持续发展等。追求企业价值最大化，必须科学地协调与权衡这些因素。如果单纯地追求眼前的高额回报，势必会带来一些极其严重的问题，比如煤炭资源的枯竭，其结果不仅无法实现企业价值最大化，也只能造成社会的不稳定。

（1）通过矿井安全绩效评价能够加强未来管理。通过矿井安全绩效评价，可以将企业可能面临的风险置于掌握之中，从而切实采取有效措施控制风险的扩大和蔓延，使风险缩小到最低限度。

（2）矿井安全绩效评价是促进煤矿可持续发展从而实现企业价值最大化的重要前提。注重矿井的可持续发展是企业价值最大化的前提条件之一。没有矿井的可持续发展，便无法实现煤矿价值的最大化。

5. 为煤炭企业建立社会信用制度服务

历史和现实表明，市场经济愈发达就愈要求社会信用制度的完善，这也是现代文明的重要基础和标志。信誉又是一个企业、一个地方乃至一个国家的精神财富和价值资源，甚至能够成为一种特殊的资本。目前我国企业的信用水平与国外企业差距很大，致使产生较为严重的信用秩序混乱。

（1）通过建立健全矿井安全绩效评价体系，公平准确地评价企业的经营状况，促进企业真实反映其经济活动，为经济信用活动提供真实资信。

（2）矿井安全效绩评价是重要的煤矿资信评价工具。矿井安全绩效评价本身具有全面评价企业真实财务与非财务情况的特点，一方面通过揭示煤矿的资信状况，让全社会了解煤矿的运行及信用情况，另一方面也督促和促进煤矿自身不断改善经营状况和增强诚信意识、社会责任意识，进而促进煤矿经营机制完善和现代企业制度的建立。

二　矿井安全绩效评价体系的改善

企业绩效评价作为一门适用性科学，发展与完善是科学进步的要求，也是其服务于企业管理的需要，更是保持旺盛生命力所在。煤炭是不可再生资源，又是我国经济发展的主要能源，其可持续性直接影响我国的能源安全，所以矿井安全绩效评价体系也要随着社会经济的发展不断完善。

1. 完善矿井按绩效评价体系的基本思想

适应经济发展要求的矿井安全绩效评价体系，要更能客观、准确地反映影响企业成长的多方面因素，以及为之提供动力和潜在要求，通过绩效评价既能反映企业真实的绩效结果和绩效水平，也能有利于促进企业长远的可持续发展。

（1）应重视财务指标与非财务指标的平衡，使财务指标与非财务指标有机结合。一是财务指标的短期性与非财务指标的长期性可以互补。财务指标与非财务指标的结合，一方面肯定了企业的短期经营业绩，另一方面又可以在一定程度上避免过度损害企业长期利益的短期行为。二是财务指标反映的是经营的结果，非财务指标反映的是经营的过程。结果和过程必须统一，如果企业经营过程的效率提高了（即非财务指标提高了），而其结果并没有改善（即非财务指标并没有提高），那么，企业的决策者必须对其战略进行调整。一个优秀的经营者目标应是高效的经营过程和优秀的经营结果。所以，财务指标和非财务指标的结合可以反映企业战略和战术的关系是否得到妥善的处理。三是由于财务指标和非财务指标的结果具有某种关系，也由于非财务指标结果可来源于多方面，并不依赖财务部门，如社会绩效、生态绩效指标可从有关社会调查机构获得，因此，非财务指标的存在降低了对财务指标玩弄数字游戏的风险，从而提高了财务指标的准确性。

（2）要使非财务指标尽可能量化，以满足计量评价需要。一是要尽可能多地增设反映企业社会信誉（社会绩效、生态绩效）的非财务指标，对企业的评价不仅要考虑企业对社会的贡献，还要考虑企业对社会带来的负担轻重。二是非财务指标尽可能量化。虽然定量分析中收集、整理数据比较麻烦，而且存在一些不便于量化的因素，但指标只有可计量才能保证评价标准、评价过程和评价结果的客观性。因此，应尽量在定性分析的基础上实现定量分析，科学地使用定量分析法，使非财务指标能计算出或以其他有效的方式取得明确的数字结果。事实上，信息时代的高科技环境，使得工业时代望尘莫及的计量非财务指标评价的建立成为可能。

（3）根据不同评价主体的需要，建立多重权重的评价体系。矿井安全绩效评价作为一个完整的体系，既有经济的、社会的还有生态的，应该是多层次、多元化，既要满足国家管理当局宏观调控的需要，又要有利于债权人、客户、供应商等对企业的客观评价，还要有利于企业自我评价和考核。而这些相关利益人关注企业财务状况的着眼点不同，所以，矿井安全绩效评价不宜采用固定权重值。

2. 完善矿井安全绩效评价体系需要进一步改善外部环境

企业绩效评价体系的发展始终与经济社会的发展密切相关，并随着经济的发展而不断的改进和完善。进一步完善企业绩效评价体系，必须具备一定的经济条件，并以必要的外部环境为基础。

（1）进一步发挥政府在建立矿井安全绩效评价体系中的主导作用。

第一，建立灵活有效的人事任免制度和激励制度（包括报酬分配制度），是建立完善矿井安全绩效评价体系所必不可少的因素。人是企业的核心，一切管理制度的建立，从根本上讲都是为了对人实施管理，而管理制度本身也是由人实施的。考核企业过去的经营状况并不是绩效评价的目的而是手段。评价的目的在于分析什么是适当的，什么是不合适的，如何坚持并发展好的，如何改进或剔除坏的，而要达到评价的目的必须借助于人的力量。具体地说就是要把合适的人放在合适的位置上，赋予合适的权力，鼓励他们做合适的事情。

第二，完善市场法律环境。一个健全的法律体系是保证有序竞争、促进市场发展的必要前提。企业是市场的组成部分，缺乏应有的保障，正当经营的企业无法生存。没有有效的约束，不合理的行为就会泛滥。实际上，目前中国法制建设中的重大问题不仅在于法律法规的制定，即是否“有法可依”，而是在“有法必依，执法必严”方面存在着更为严重的问题。而完善的法律体系和良好的法律环境是矿井安全绩效评价得以实施的重要前提。

第三，要有政策支持和完善的保障体系。企业在新形势、新问题面前产生短暂的迷惘时，需要政府进行政策引导，使其朝着健康的方向发展。政府政策的连续性和稳定性对企业稳步实施安全绩效管理也很重要，采取安全绩效评价方法实行新的管理方法，政府在政策上予以引导和支持。完善保障体系是经济社会健康发展、和谐进步的标志，也是企业安定有序的基础，有利于以现代企业管理为基础的安全绩效评价制度的实施。

（2）不断完善矿井安全绩效评价的市场体系。

第一，积极培育矿井安全绩效评价中介机构，健全市场环境。中介机构的范围很广，包括煤炭行业协会、相关会计师事务所和资产评估机构等。在成熟的市场经济国家，企业绩效评价的实施主体是中介机构，中介机构为企业绩效评价体系发展所作的贡献在于先进经验的推介交流，全面获得评价基础数据和相关信息实际操作等评价工作，甚至包括直接参与企业的内部管理。要完善我国煤炭企业的法人治理结构，努力营造适应煤炭企业自由、公开、公正、公平竞争的生存环境和发展环境。特别要重点从与煤炭企业密切相关的产品市场、资本市场和职业经理人市场三个市场着手，为企业建立起健全的市场环境，使得矿井经营者只有通过市场评估、社会认可和政府监督，方可成为一个煤矿的经营者，而经营者也清楚地知道他们的经营成败对自己名誉、地位和前途将会带来什么样的影响。由于在市场中存在着不断地进行着对经营者的评价和比较，市场竞争的巨大压力也可以迫使经营者不敢以自己的人力资本去冒风险，这样就可以使经营者的行为得到有效的约束。

第二，确保矿井安全绩效评价基础信息的真实性。开展矿井安全效绩评价工作，需要大量的基础信息。如果基础信息不真实，评价结果必然失实，最终导致错误决策。因此，在矿井安全效绩评价工作中必须加强基础信息的审核，确保基础数据的真实准确。要坚持独立、客观、公正的原则，这是矿井安全效绩评价工作赖以存在和发展的生命线。在评价过程中，评价人员包括中介机构、咨询专家不能带着感情色彩去评价企业，不要受企业和有关方面意愿的影响，要坚持原则，秉公评价，保持独立性和客观公正性，以确保评价结果的真实可靠。

（3）进一步拓展矿井安全绩效评价的应用领域。

进一步拓展矿井安全绩效评价的范围，如进行煤炭企业竞争优势分析，煤炭企业管理能力分析，煤炭企业战略能力预测，煤炭行业经济绩效、社会绩效和生态绩效分析等，使得整个煤炭工业健康可持续发展。

第七章　矿井安全绩效控制

改革开放30多年，中国实现了经济的高速增长，取得了令世人瞩目的成就，但是，我们不得不面对环境的日趋恶化、安全事故的此起彼伏、矿山资源的日趋枯竭的现实问题。更令人揪心的是，我们不得不面对一起起煤矿事故和一串串令人痛心的矿工死亡数据。严峻的安全状况给人民生命和财产安全造成了重大损失，严重影响着中国煤炭工业的形象，在很大程度上威胁着社会的和谐与稳定。探究中国煤矿安全绩效下滑的内在成因，开采条件恶劣、技术装备落后、人员素质不高是不争的事实；法律不健全、煤矿企业安全管理不到位和安全投入不足也同样难辞其咎；再深究，矛头则直指中国煤矿安全规制所存在的各种问题。在此背景下，加强对中国煤矿安全绩效控制的系统研究无疑具有重要的现实价值。本章明晰了矿井安全绩效的控制目标、控制主体、控制客体；给出了矿井安全绩效控制的基本程序；构建了矿井安全绩效的控制模型和改善策划模型；指出了矿井安全绩效的控制改善方法与步骤。

第一节　矿井安全绩效控制要素

矿井安全绩效外部作用机理分析和内部实现机制分析并非最终目的，而是为矿井安全绩效的控制管理提供决策依据，在控制活动中能够抓住主要因素、主要环节、主要矛盾，不断提高和改善矿井安全绩效。

一 矿井安全绩效控制目标

矿井安全绩效控制的总体目标是控制主体按照一定的控制程序，在一定的控制理论模型指导下，应用一定的控制方法，发现、改进和调整影响矿井安全绩效的主导因素和敏感因素，不断提高矿井安全绩效（经济绩效、生态绩效和社会绩效）的管理活动。由于矿井经济绩效、生态绩效和社会绩效的控制目标的差异化，矿井安全绩效的控制必须能有效地协调经济绩效、生态绩效和社会绩效，达到系统的整体绩效最优。

二 矿井安全绩效控制主体

矿井安全绩效控制活动是一个动态的管理过程，在这一过程中，要进行有效控制，必须知道矿井安全绩效实现过程中产生偏差的情况、产生偏差的环节和采取的措施应由哪个部门负责，这就要确定明确的控制主体，执行“控制器”的特定功能，对被控对象实施监控。

矿井安全绩效要素系统是一个规模较大、结构复杂、功能综合、影响因素众多的复杂系统，因而矿井安全绩效控制主体应与企业管理组织机构相融合，建立多级递阶控制方式，将矿井安全绩效这一大系统按照其组织结构分解为若干子系统，如以企业作为划分边界，矿井安全绩效要素系统可分为经济子系统、生态环境子系统和社会环境子系统；按职能可以分为地质部门、生产技术部门、安检部门、人力资源部门、营销部门、资本运营部门、培训学习部门等职能部门。这样在企业的最高管理层与基层之间建立起若干递阶层次的子系统，每一个子系统都作为控制主体，在其局部管辖范围内作为一个统一的、相对独立的整体来执行一定的控制功能。同时它又通过自己的受控目标，在活动中、行为上与整个大系统的总目标协调一致，最终实现全员控制，全局优化和安全。为了提高矿井安全绩效控制效率，在多级递阶控制系统中，处于较低层次的控制主体在执行控制职能时，应具有相对独立性，便于进行短期控制和局部协调，以获取更多的信息为重点；处于较高层次的控制主体，应具有综合性和全局性，便于进行长期控制，以获得少数的关键信息为重点，并且运用掌握的某些协调变量来影响和干预较低层次的决策，调整矿井安全生产经营活动，提高矿井安全绩效，据此达到控制目的。

三 矿井安全绩效控制客体

矿井安全绩效控制是为了提高矿井安全绩效所实施的管理活动，矿井安全绩效控制客体则是指控制协调中的被控对象。概言之，矿井安全绩效控制客体是矿井安全生产和运营过程中的各个环节；具体而言，矿井安全绩效控制客体通常是以一系列技术经济指标来反映的，也就是第二章所建立的矿井安全绩效三大子系统（经济绩效子系统、生态绩效子系统、社会绩效子系统）的要素构成，在矿井安全绩效的实际控制中要根据这些指标的特征值来表示被控对象与预期目标之间的关系。如前所述矿井安全生产所产生的绩效是多方面的，既有企业直接受益的经济和非经济绩效，也有间接受益的环境绩效；既有定量效果，又有非量化的效果。所以，矿井安全绩效控制的被控对象是多元的。

四 矿井安全绩效控制的基本程序

1. 环境分析

煤矿是以煤炭资源的开发利用为主，带动和支持本地区经济和社会发展的独特的典型经济社区。然而，煤炭资源的开发又对煤矿周边环境产生严重破坏，环境的不协调反过来又制约了煤矿的发展。以矿井安全绩效评价作为管理手段，对煤矿经济系统、生态系统及社会环境进行研究、监测、评价，实现煤炭资源开发和生态环境、社会环境协调发展，对我国煤矿资源的合理开发利用乃至全国的经济和社会发展都具有重要的意义。因此，矿井安全绩效评价环境分析，必须树立煤矿可持续发展观和战略绩效观，运用现代生态学、生态经济学、环境科学、资源管理学等相关学科的研究成果，把煤矿的经济绩效、生态绩效和社会绩效有效协同起来，建立适合我国煤矿的安全绩效控制理论与方法，为煤炭行业的可持续发展战略提供科学依据和更有效的决策建议。

2. 制订标准

制订标准是矿井安全绩效控制的基本前提，它是衡量矿井安全绩效的规范和实行控制的定量准绳。为了便于掌握矿井安全绩效评价指标的优劣程度和对指标进行无量纲化处理，在制订标准时，应根据指标性质，分别采用统计方法或经验估计法确定各指标的最理想和最不理想值作为标准，以反映各指标实际值与理想状态的比较。

3. 绩效评价

通过矿井安全绩效的评价，发现矿井安全绩效的实际绩效与控制标准的偏差，以衡量矿井安全绩效的成效。衡量时，通常采用的方法是将指标实际值与标准相对比的绝对差异分析法和计算相关比率、构成比率以及动态比率的比率分析法。这两种方法虽然能够反映各指标与标准的差异，但并不能反映出各指标在总体目标中的地位，使控制工作缺乏针对性。应该采用一种建立在指标间相互比较（在指标实际值与标准对比基础上）的综合评价方法来衡量成效，这种方法既可以评价各指标的优劣，又可以得出各指标在总体目标下的排序，明确控制工作的重点。具体步骤为：

（1）收集指标实际值，计算指标效用系数值。

（2）确定指标权重，明确控制关键点。这两步与矿井安全绩效评价的步骤是一致的。

（3）衡量指标的优劣。按事先规定的矿井安全绩效评价指标的优劣等级标准即可发现各指标与标准相比较的优劣情况，并找出权重较大而效果处于劣势的敏感指标作为矿井安全绩效控制的重点。

4. 绩效控制

建立矿井安全绩效控制模型，进一步从理论上阐明矿井安全绩效控制的着眼点和思路，为矿井安全绩效控制方法的提出、控制方案的实施提供理论依据。实施控制要根据实际的矿井安全绩效控制系统和控制客体，结合前述确定的控制重点、控制标准和控制模型，选择适当的控制方法，对敏感性因素实施控制，即针对绩效产生偏差的原因，提出各种纠正偏差的行为措施，并认真组织实施，以便达到控制标准的要求。

第二节　矿井安全绩效控制模型

为了更好落实大安全绩效观，保持矿井安全绩效要素系统中各子系统（经济绩效、生态绩效、社会绩效）之间更协调、更有效地控制实施，就必须先从理论上深入研究矿井安全绩效要素系统各子系统状态与控制变量之间的关系，对系统活动行为进行控制，也就是先建立矿井安全绩效控制模型。

一　矿井安全绩效优化控制模型

矿井安全绩效优化控制模型是指在给定时空条件、输入变量控制和其他矿井安全绩效要素系统参数时求最优矿井安全绩效最优解的模型。

1. 矿井安全绩效优化控制模型的构建

根据前述矿井安全绩效的内涵及其影响因素，构建的矿井安全绩效优化控制模型如下（张金水，1999）：

矿井安全绩效控制目标：

$$\max P = f(P_{e1}, P_{e2}, P_s, T, C) \tag{7.1}$$

发展性约束：

$$\frac{dD_i}{dt}=g_i(D_{e1t}, D_{e2t}, D_{st}, C)\geqslant 0 \tag{7.2}$$

其中，$i=1, 2, 3$，分别表示矿井经济子系统、生态环境子系统和社会环境子系统。

可持续性约束：

$$\frac{d^2D_i}{dt^2}\geqslant 0 \tag{7.3}$$

协调性约束：

$$\frac{\partial P}{\partial D_i}\geqslant 0 \tag{7.4}$$

$$P\geqslant \sum_{l=1}^{3}P_i \tag{7.5}$$

输入控制变量的约束：

$$C_i(T)\in[\underline{c_i}, \overline{c_i}] \quad (i=1, 2, \cdots, n) \tag{7.6}$$

矿井安全绩效要素系统其他因素的约束：

$$E_i(T)\in[\underline{e_i}, \overline{e_i}] \quad (i=1, 2, \cdots, n) \tag{7.7}$$

2. 矿井安全绩效优化控制模型的说明

（1）P，P_{e1}，P_{e2}，P_s，T，C 分别表示矿井安全绩效、经济绩效、生态绩效、社会绩效、时间和谐调度。（7.1）式表示矿井安全绩效是各子系统绩效、时间、控制变量的函数。各子系统绩效已涵盖了影响矿井安全绩效的各种内部因素。

（2）D 依据下角标不同分别表示在某一输入控制变量作用下，在某一时点，各子系统发展水平向量，它是时间的函数。

（3）$[\underline{c_i}, \overline{c_i}]$ 和 $[\underline{e_i}, \overline{e_i}]$ 分别表示控制变量和系统其他因素的可行集。

（4）模型中（7.2）~（7.5）既体现了矿井安全绩效的内涵，

也反映了前述指标体系的主要内容以及发展性、可持续性和协调性的要求。

（5）模型中（7.6）和（7.7）则反映了外部控制变量和内部影响变量及其相互作用对矿井安全绩效的影响。

3. 矿井安全绩效优化控制模型的特点

（1）模型既综合了前面章节分析的主要内容，又融入控制思想，也体现了矿井安全绩效控制的目标。

（2）模型虽不能直接解决具体矿井安全绩效要素系统的控制问题，而且针对具体的矿井安全绩效要素系统，变量、参数和函数都有待于进一步研究和确定，但是该模型从理论上抽象、概括地描述了矿井安全绩效的内涵和机理，有利于科学理解矿井安全绩效要素系统，对具体的矿井安全绩效要素系统控制有一定的参考价值。

二　矿井安全绩效迭代控制模型

1. 矿井安全绩效迭代控制模型的建立

对矿井安全绩效这种复杂系统，也可以先将其分解为相关联的安全绩效子系统，然后分别从每个子系统绩效控制模型研究入手，经过对子系统迭代和时序上的迭代，最后得出其整体绩效控制模型（郭庆旺，2005）。

设 $P_i(t)$，$C_i(t)$ 分别为第 t 时刻矿井安全绩效第 i 个安全绩效子系统的 n_i 维安全状态（绩效）向量和 m_i 控制输入向量（$i=1, 2, \cdots, M$），记为：

$$P_i^T(t)=\{p_{i1}(t), p_{i2}(t), \cdots, p_{in_i}(t)\},$$
$$C_i^T(t)=\{c_{i1}(t), c_{i2}(t), \cdots, c_{im_i}(t)\}$$

于是，可建立第 i 个安全绩效子系统的控制模型如下：

$$P_i(t+1)=\alpha_i(t)P_i(t)+\beta_i(t)C_i(t)+\gamma_i(t)H_i(t)+\zeta_i(t) \qquad (7.8)$$

其中 $\alpha_i(t)$、$\beta_i(t)$、$\gamma_i(t)$ 为相应阶数的矿井安全运营时变系

数矩阵（即随时间而变化的系数阵），$\zeta_i(t)$ 为 n_i 维的随机噪声，$H_i(t)$ 为 p_i维的子系统间的协调向量，即

$$H_i(t) = \sum_{j=1}^{M} \{\phi_{ij}P_j(t) + \varphi_{ij}C_j(t)\} \tag{7.9}$$

其中 ϕ_{ij}，φ_{ij}为常数阵。进一步迭代集成可得整个矿井安全绩效的整体控制模型：

$$P(t+1) = \alpha(t)P^T(t) + \beta(t)C^T(t) + \gamma(t)H^T(t) + \zeta^T(t) \tag{7.10}$$

其中，$P^T(t) = \{p_1{}^T(t), p_2{}^T(t), \cdots, P_n{}^T(t)\}$、$C^T(t) = \{c_1{}^T(t), c_2{}^T(t), \cdots, c_m{}^T(t)\}$ 分别为矿井安全绩效要素系统的 n 维安全状态（绩效）向量和 m 维控制输入向量（$n = \sum_{i=1}^{M} n_i$，$m = \sum_{i=1}^{M} m_i$），$\alpha(t)$、$\beta(t)$、$\gamma(t)$ 分别为相应的矿井安全运营时变系数矩阵，$\zeta(t)$ 为 n 维的随机噪声，$H(t)$ 为 p 维的协调向量（$p = \sum_{i=1}^{M} p_i$）。

2. 矿井安全绩效迭代控制模型的特点

（1）控制模型是一动态控制模型，反映了矿井安全绩效要素系统在某一时刻的状态与原有状态、控制变量及子系统间的协调关系。

（2）控制模型从理论上阐明了对矿井安全绩效子系统协调关系及其矿井运营系统状态的影响机理，对实际矿井安全绩效要素系统的控制有重要的参考意义。

（3）通过模型变形及矿井安全运营时变参数的确定，可以很容易推出其简化公式，并可作为协调控制算法的基础。

三　矿井安全绩效反馈控制模型

矿井安全绩效要素系统中也存在着反馈，矿井安全绩效控制主体可以根据过去矿井生产经营活动及其绩效控制未来的活动及绩效。在对矿井安全绩效控制中，要对一切偏离矿井安全绩效目标的活动和行为进行分析，并通过信息、物质、资金等形式反馈

给相应的控制环节，从而实施反馈控制，使矿井安全绩效活动进入良性循环。

1. 矿井安全绩效反馈控制模型的建立

矿井安全绩效要素系统的反馈机制是矿井安全绩效各子系统进行物质、信息相互交换，改善系统行为和功能，排除干扰，实现系统的有序、稳定优化的过程。结合矿井安全绩效的分析可以建立矿井安全绩效反馈控制模型（见图7－1）。

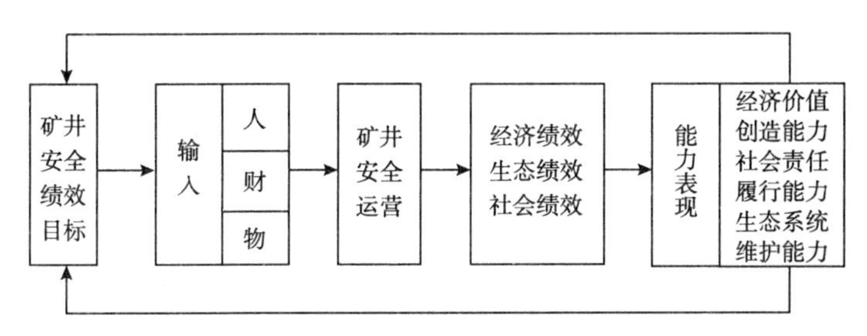

图7－1　矿井安全绩效反馈控制模型图

2. 矿井安全绩效反馈控制模型的解释

（1）模型只给出矿井安全绩效要素系统的主要反馈回路，实际上，模型各节点之间及其内部还存在着多层次的反馈回路。

（2）模型仅以经济绩效、生态环境和社会环境的外现作为反馈因子，把它们与矿井安全绩效目标（期望值）进行对比，作为反馈信息提供给决策部门，以调整矿井安全绩效活动。

（3）除此之外，还有更多的反馈因子如各种指标在安全绩效要素系统内运行，并反馈给各级控制主体，实施局部控制。

（4）反馈因子是反馈控制成败的关键。如果不考虑反馈因子的具体形态，它可以分为信息流、物流和资金流。

矿井安全绩效要素系统中的信息流是矿井安全绩效反馈控制的基础。在矿井安全绩效要素系统的运动中，安全绩效部门要收集来自公众意识、文化、经济、法律和技术等各种信息，经过过滤、筛选、提炼成为有价值的信息，作为矿井安全绩效战略计划的基础、目标、方向、行动指令和控制标准；同时矿井安全运营活动的结果也以一种信息的形式反馈回来，并与前述信息进行比较，比较结果再以信息形式流向矿井生产各环节和各种控制主体等，如此循环往复。

这里的物流是指矿井安全绩效要素系统内的物流。矿井安全绩效实施必然伴随着物质实体的运动。关键要解决两个问题：一是物流过程中损耗最小；二是力争效益最好。这两点影响矿井安全的绩效和控制。从物流的角度看，反馈控制实质是部分实体的再分配。

伴随信息流和物流，矿井安全绩效反馈控制中也有资金流，它分为三类：一是因实体和服务所有权转移回流的资金流，这与前述物流运动方向正相反；二是实施矿井安全绩效投入的资金；三是反馈控制中需要重新分配和再投入的资金。信息流、物流和资金流只有结合起来才能取得好的控制效果。

第三节　矿井安全绩效系统控制

可持续发展条件下，作为“经济社会生态人”的煤矿，其目标和任务不仅仅是创造物质财富，实现经济价值，更应着眼于整个现代文明的全面发展和整个社会的全面进步，既要大力创造物质财富，实现企业的经济价值；还要努力创造精神文明和社会财富，实现企业的社会价值；又要努力创造生态财富，实现企业的生态价值。煤矿不仅是经济主体，而且也是社会主体和生态主体，因此矿井安全绩效的系统性控制就显得非常重要。

一　矿井安全绩效系统控制原理与结构

1. 矿井安全绩效系统控制原理

对于矿井安全绩效要素系统而言，协调是关键，因为它是矿井安全绩效要素系统可持续发展的基础，矿井安全绩效要素系统的协调与否直接决定矿井安全绩效，所以矿井安全绩效系统控制是最重要的控制方法。矿井安全绩效要素系统的协调既包括对企业内部的协调，这是基础，又包括对外部因素及内外因素之间的协调，这是关键。总之，矿井的经济绩效、生态绩效和社会绩效要协调统一，这才有可能实现其发展的可持续性。矿井安全绩效的系统控制就是要建立、保留或加强控制客体的协调联系，减弱或抵消其中的不协调联系，取得矿井安全绩效要素系统的整体优化，提高矿井安全绩效。

2. 矿井安全绩效系统控制结构

结合前文分析，矿井安全绩效系统控制结构如图 7－2 所示。

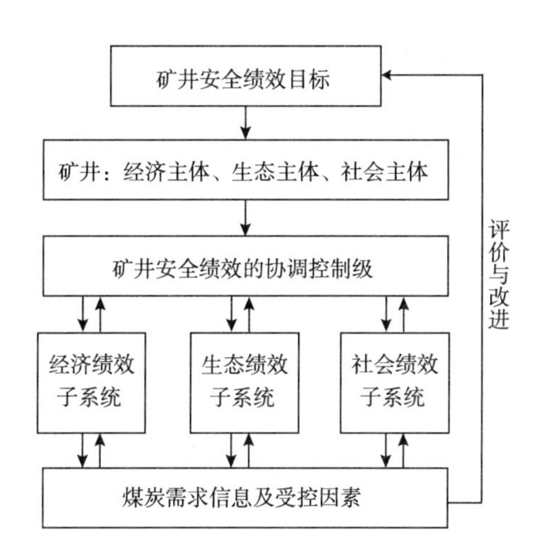

图 7－2 矿井安全绩效系统控制结构

图 7－2 中，再次强调了矿井既是经济主体，又是生态主体和社会主体，矿井绩效既包括经济绩效，又包括生态绩效和社会绩效。煤矿能否持续发展取决于矿井安全绩效子系统的各种活动、受控指标和因素，取决于内外因素的协调性。各子系统的局部控制直接控制矿井安全绩效子系统的各种活动、受控指标和因素，这些指标都有一定的实际背景，可用前述评价方法进行测算，并分析子系统内部的不协调因素，实施局部的协调控制；而

矿井安全绩效的协调控制则要结合实际的调研分析，从中找出子系统间的不协调因素，运用协调控制模型来分析协调各子系统之间的联系，提出具体的协调控制方法与措施。

3. 矿井安全绩效系统控制的组织机制

目前，中国煤矿安全绩效协调控制的组织机制仍然处于一种激励不相容的状态。面对这种情况，为降低煤矿事故发生率，提高矿井安全绩效的协调性，亟须在煤矿安全规制中引入激励相容机制，使各方利益（中央政府、地方政府、煤矿企业、矿工等主体利益）趋于均衡。

美国著名经济学家哈维茨（1972）对经济机制理论做了开创性研究，提出了激励相容理论。所谓激励相容，是指在市场经济中，每个理性“经济人”都会有追求自身利益的一面，其个人行为会按自身利益的规则行动，在这种情况下，如果能有一种制度安排，使“经济人”追求个人利益的行为恰好与企业实现的集体价值最大化的目标相吻合，这种制度安排，就是所谓的“激励相容”。经过40年的发展，激励相容目前已经成为现代经济学中一个重要的核心概念，是任何经济体制都需要具备的性质，同时也成为检验中国煤矿安全绩效协调控制是否有效的标准之一。

在煤矿安全绩效系统控制中引入激励相容机制，首先需要确定其所涉及的相关利益主体。一般可将具有代表性的利益主体确定为中央政府、地方政府、煤矿企业和矿工等，由此至少可以形成三个层次的安全绩效协调控制链条。肖兴志（2006）指出，煤矿安全是一项涉及多层次的系统工程，从本质上说，这是中央政府与地方政府、地方政府与煤矿企业以及煤矿企业与矿工之间长期博弈的结果。其中，中央政府的监督力度与安全绩效协调控制存在着一组最优值，中央政府的监督力度与地方政府的监督力度之间存在一组最优值。中央政府和地方政府均实现最大化效用的必要条件是同时取得两组最优值，而中国目前的现实情况是中央政府和地方政府均没有达到自身效用最大化。这就表明，中央政府与地方政府的监督力度之间、中央政府监督力度与安全绩效协调控制之间两组相关变量都偏离了理论上的最优值，处于一种配置失当的状态，从而在很大程度上导致中国煤矿安全绩效协调控制度不高。同时，通过地方政府与煤矿企业的博弈可以看到，地方政府的监督力度与煤矿企业的寻租之间存在着一组纳什均衡，但就中国目前情况而言，煤矿企业的寻租率远高于均衡值，相应的是，地方政府对煤矿企业有效监督的概率小于原均衡概率，最终导致煤矿安全绩效协调度降低。另外，通过煤矿企业与矿工的博弈可以得出，煤矿企业的安全投资额与矿工选择离开之间存在着一组纳什均衡，而目前矿工选择离开的概率小于煤矿企业选择进行安全生产投资的概率，从而必然会导致煤矿企业进行安全生产投入的积极性减小，从而导致煤矿事故发生的概率增大。一般而言，关于煤矿安全绩效协调的激励可以分为两类，分别为正向激励和负向激励。其中正向激励可以包括直接激励和间接激励，直接激励措施主要包括税收减免、退税措施、税收豁免等；间接激励措施主要有税收抵免、加速折旧、延期纳税、税率优惠等。而负向激励主要包括各种处罚措施，如降职、处罚等。尽管两种激励方式的出发点不同，但两种激励方式的最终目的都是为调动各主体的积极性、创造性、能动性，从而达到提高煤矿安全绩效协调控制效果的目标。

二 矿井安全绩效的控制措施

矿井安全绩效规制体系是一个复杂的制度体系，由多层次、多领域的激励与约束制度构成，而制度结构本身又是多层次、多领域委托—代理关系的体现。在对具体的矿井安全绩效要素系统进行实际控制过程中，可以从企业内部和外部两方面着手对矿井安全绩效活动和过程实施控制。

1. 内部控制

矿井安全绩效控制活动是日常性和全员性的。

（1）企业在日常的生产经营活动中，通过培训、企业内部的各种标志等多种形式潜移默化地建立、培养和强化矿井安全绩效控制系统中每一个控制主体的“安全”意识，通过全员的积极努力，使矿井安全运营链及其前后端每一环节的每一项工作的失误减少到尽可能小的程度。这要求矿井安全运营活动从开始就正确无误地工作，力求不因人为原因而降低矿井安全绩效，每个员工对其所承担的工作要进行经常性的自我评价与控制，使因主观或客观原因而出现的偏差不传递，从而对矿井安全绩效不产生不利的影响。

（2）矿井安全绩效是由多个环节构成的绩效组合，矿井安全绩效控制应是全程性的，对其不同环节、不同方面应采取不同的控制措施。应采用不同的预测方法对煤矿自身发展、环境容量、社会需求准确地把握。如对矿井生产设计、技术工艺方法设备的选择要科学合理、环保持续，应从根本上控制其煤炭资源的损失、共生资源的浪费、地层结构的破坏，在煤炭加工过程中，要尽量减少污染物、有害物、废弃物的排放量，产品应按严格的环保标准来控制。对社会导向和服务效果要严格事中、事后控制，切实实行服务承诺制，制定矿井生产问题投诉管理制度。与此同时应制定并严格执行管理制度和目标责任制度，采取反馈控制方式，科学地进行定量分析，发现问题，进行整改，协调好煤矿、环境、社会的关系，树立良好的“安全”形象，不断提高矿井的经济绩效、生态绩效和社会绩效。

2. 外部控制

内部控制是矿井安全绩效控制的基础，但外部控制也不容忽视，因为外部控制不仅能有效地纠正一些偏差，而且能有效地减少降低矿井安全绩效活动的发生概率。外部控制主要包括：

（1）完善舆论和社会监督机制，动员社会各界力量对煤矿安全绩效进行监督，最大程度减少信息不对称和委托人的信息租金。中央政府和地方政府可以运用建立举报制度等多种手段，对非法违法生产、隐瞒事故、破坏生态环境等行为的举报人员予以奖励，发挥社会和媒体对煤矿安全生产的监督作用，在强化企业内部约束的同时，实现多个主体对煤矿生产安全进行监督，减少中央政府与地方政府、地方政府与煤矿企业之间的信息不对称，最终减少煤矿事故发生。

（2）调整现行煤矿财税政策，着力解决中央政府与地方政府、地方政府与煤矿企业之间的利益分享问题，从负向激励和正向激励两方面促使地方政府和煤矿企业能够真正落实中央政府和地方政府所规定的煤炭安全规制政策。

一是改革现行煤矿财税制度，改善中央政府和地方政府之间的激励相容。其中，资源税和增值税中划归地方的部分是地方政府财政收入的主要来源，这也是地方政府与中央政府进行相关博弈的经济起因。要调整资源税政策，提高资源税征收标准，保证国家作为资源所有者的合理收益，避免社会收入过多向某些企业倾斜。就目前的情况而言，应调整资源税的税制结构，改变煤炭资源税计量依据，将煤炭资源税税率与资源回采率以及环境修复指标挂钩，按资源回采率和环境修复指标确定相应的税收标准，从而促使企业提高资源开采率，减少煤炭资源浪费，同时，有利于形成合理的煤炭市场价格。通过煤矿财税政策的调整，可以更好地解决中央政府和地方政府之间利益分享问题，推动煤矿安全绩效规制新机制的形成。

二是改革现行煤矿财税制度，改善地方政府与煤矿企业之间的激励相容。1994 年，全国实施新税制后，煤炭业按加工制造业征税，煤矿企业税费大幅增加，为改变煤矿企业的安全状况，应改变目前的税费结构，重新确定煤矿企业的收益与安全资金投入的比例，使煤矿企业有稳定的安全资金投入。

（3）建立中央政府—地方政府安全生产基金和地方政府—煤矿企业安全生产基金。哈耶克（1989）指出：“在实践中，每一个个人都对其他人有着信息上的优势，因为他掌握着某种独有的信息，要利用这种信息，就必须二者择一，或者将依据这种信息作出的决策留给掌握信息的人来做，或者得到他的积极合作。”因此，在信息不对称的情况下，委托人面临的一个基本问题就是设计一套激励机制，促使掌握信息的代理人积极合作。而研究表明，若想达到这一目的，委托人一般需要向代理人支付一种“信息租金”。作为委托人的中央政府（第一层次）和地方政府（第二层次）需要付给作为代理人的地方政府（第一层次）和煤矿企业（第二层次）一定的“信息租金”，因此，建立一种类似中央政府—地方政府安全生产基金和地方政府—煤矿企业安全生产基金，是一种可选择的政策思路。例如，中央政府建立广义概念上的中央政府—地方政府安全生产基金，地方政府建立广义概念上的地方政府—煤矿企业安全生产基金，这种基金可以由三部分组成：第一部分为代理人按照一定的标准向委托人上交一定的资金，第二部分为委托人对代理人的奖励资金，第三部分为委托人对具体代理人的升迁、绩效考核资金。

（4）矿井安全绩效规制主体重构。

目前，中国煤矿安全绩效规制实行的是“国家监察、地方规制、企业负责”的规制模式。国家安全生产监督管理总局是国务院的直属机构。国家煤矿安全监察局是国家安全生产监督管理总局领导下的行使国家煤矿安全绩效规制职能的行政机构。总局主要通过局长或局长办公会议的形式，决定国家煤矿安监局工作中的重大方针政策、工作部署等事项。国家煤矿安全监察局的综合性业务和人事党务、机关财务后勤、煤矿安全监察人员的考核和组织培训等事务，依托国家安全生产监督管理总局管理。设在地方的煤矿安全监察局由国家安全生产监督管理总局领导，国家煤矿安全监察局负责业务管理。国家煤矿安全监察局主要下设安全监察司、事故调查司、科技装备司、行业安全基础管理指导司等机构，其主要职责：研究煤矿安全生产工作的方针、政策，参与起草有关煤矿安全生产的法律、法规，拟定煤矿安全生产规章、规程和安全标准，提出煤矿安全生产规划和目标；按照国家监察、地方监管、企业负责的原则，依法行使国家煤矿安全监察职权，依法监察煤矿企业贯彻执行安全生产法律、法规情况及其安全生产条件、设备设施安全和作业场所职业卫生情况，负责职业卫生安全许可证的颁发管理工作，对煤矿安全实施重点监察、专项监察和定期监察，对煤矿违法违规行为依法作出现场处理或实施行政处罚；组织或参与煤矿重大、特大和特别重大事故调查处理，负责全国煤矿事故与职业危害的统计分析，发布全国煤矿安全生产信息；指导煤矿安全生产科研工作，组织对煤矿使用的设备、材料、仪器仪表的安全监察工作；负责煤矿安全生产许可证的颁发管理和矿长安全资格、煤矿特种作业人员（含煤矿矿井使用的特种设备作业人员）的培训发证工作；组织煤矿建设工程安全设施的设计审查和竣工验收，对不符合安全生产标准的煤矿企业进行查处；检查指导地方煤矿安全监督管理工作，对地方贯彻落实煤矿安全生产法律法规、标准，关闭不具备安全生产条件矿井，煤矿安全监督检查执法，煤矿安全生产专项整治、事故隐患整改及复查，煤矿事故责任人的责任追究落实等情况进行监督检查，并向有关地方人民政府及其有关部门提出意见和建议；组织、指导和协调煤矿应急救援工作。可以清晰地看出中国煤矿安全规制机构的配置特点。

第一，单独设置煤矿安全监察局。中国是在国家安全生产监督管理总局之下单独设置国家煤矿安全监察局，而且又在相关地区设置了地方煤矿安全机关，以此负责全国煤矿安全规制工作。从实际效果看，煤矿安全监察局似乎只起到了缓冲的作用，并没有起到综合治理的效果。这种机构设置难免出现业务上的重复，造成资源的浪费。

第二，地方政府参与煤矿安全绩效规制较多，规制层次和隶属关系较为复杂。在中国，地方政府是煤矿安全规制的主体。就地方规制而言，还存在着许多责任不清或无法落实的现象。2005

年，国家安全生产委员会办公室《关于落实地方煤矿安全规制工作的通知》规定，地方政府要严格履行煤矿安全绩效规制职责，重点是日常性的安全绩效规制；此外还包括对煤矿违法违规行为依法作出现场处理或实施行政处罚，监督煤矿企业事故隐患的整改并组织复查，依法组织关闭不具备安全生产条件的矿井，负责组织煤矿安全绩效专项整治，参与煤矿事故调查处理等。但对于地方规制而言，其规制积极性并不高。由于煤矿安全绩效规制责任重大，为了逃避责任，一些省市相关职能机构或部门相互推脱，不愿意承担煤矿安全绩效规制工作。目前全国有1/3以上的省份没有设置承担煤矿安全规制绩效职责的机构。这种情况表现最为突出的是在县、乡政府机构中，煤矿安全绩效规制工作基本处于空白状态。

在中央层次，中国实行的是在国家安全生产监督管理总局下设煤矿安全生产监察局，各地区设置地区安全监察部门。煤矿安全监察机构的主要职责有五项：一是对煤矿安全绩效实施重点监察、专项监察和定期监察，对煤矿违法违规行为依法作出现场处理或实施行政处罚；二是对地方煤矿安全绩效规制工作进行检查指导；三是负责煤矿安全生产许可证的颁发管理工作和矿长安全资格、特种作业人员的培训发证工作；四是负责煤矿建设工程安全设施的设计审查和竣工验收；五是组织煤矿事故的调查处理。中央的煤矿安全监察部门具有发证、审查的管理职能，而地方的煤矿安全部门有日常安全检查的执法监督职能，负责煤矿安全执法监督监察，但不负责煤矿管理。不管是监察还是管理，都分别对各自的上一级负责，两者在机构设置上相互独立。也就是说，中国是垂直监察且垂直管理，但监察和管理不为一体。地方规制在业务上服从煤矿监察，但不属于其领导，这可能会造成煤矿安全规制上的混乱和无序。

第三，煤矿安全监察机构在事故调查中没有上诉的权利，而且没有良好的监督系统。根据国务院《特别重大安全事故调查程序暂行规定》第五条规定：监察机构参加特大事故调查工作的任务一是调查特大事故发生的原因；二是调查监察对象的责任；三是对负有责任的监察对象提出行政处分建议或做出行政处分决定；四是督促有关部门总结行政管理工作中的经验教训，提出改进措施和建议。此外，国家煤矿安全监察局的具体职责是在事故发生后对事故隐患进行整改及复查，对煤矿事故责任人的责任追究落实等情况进行监督检查，并向相关地方人民政府及其有关部门提出意见和建议。但只是给出意见，对煤矿企业的违法行为以及地方政府规制不利行为并无处罚的权力，表面上代表国家进行监察，但实施时仅仅是形式而已，并无实际上诉的权力。

根据规定，煤矿安全监察机构有权对地方煤矿安全规制工作进行检查指导，而对煤矿事故的发生特别是煤矿安全监察中的渎职行为安监机构理应负有重要责任。但是由于煤矿安全监察部门自己负责煤矿事故调查，更重要的是自己调查自己批复，这就造成了国家煤矿安全监察局只有权力没有责任的现实，在检查指导以及批复的过程中无监督现象。

第四，煤矿安全规制配置有基本的法律依据，但执法缺位。围绕煤矿安全规制，中国相继出台了《矿山安全法》、《煤矿安全监察条例》，但并未真正得到实施，煤矿安全规制机构也在不断发生调整和变化，造成规制机构与原有法律之间的适应性差。如1988年，煤炭部并入能源部；1993年，取消能源部恢复煤炭部；1998年，取消煤炭部变成国家经贸委煤炭局；1999年，成立国家煤炭安全生产监督管理局与煤炭局平级；2000年，又撤销煤炭局；2001年，撤销国家煤炭工业局，有关行政职能并入国家经贸委；2003年，国家经贸委撤销，在国家发改委下设能源局；2005年，形成了“国家监察，地方监管，企业负责”的模式。

中国煤矿安全绩效规制机构配置存在的上述问题，必然会削弱煤矿安全绩效规制能力，这在很大程度上放大了煤矿事故发生的可能性，尽快改进这种体制弊端是我们必须面对的现实。从煤矿安全绩效规制机构配置的国际经验中可以为变革中国煤矿安全绩效规制机构带来一些有益的启示。

在变革过程中，首先应该确保煤矿安全绩效规制机构的独立性和权威性，而且在设置的过程中必须论证该机构有其存在的法律、理论和现实依据。此外，对煤矿安全绩效规制机构还必须建立相应有效的监督系统，从而确保其不滥用权力。根据《矿山法》或《矿山安全监察条例》，考虑在国务院下的劳动与社会保障部设立矿山安全健康规制总局，负责全国矿山的安全监察与管理工作；矿山安全健康规制总局下设煤矿安全监察处与其他采矿企业监察处；在全国各省市区设立地区（矿区）安全监察处，直接负责本地区（矿区）的安全监察工作；矿山安全健康规制总局局长或地区安全监察处处长对违反法律的矿山企业有提起公诉的权力；安全监察员由国家直接委派，并且安全监察员之间相互制约、轮流调换，确保其与煤矿企业无任何联系，直接负责监察煤矿企业的安全生产、管理以及执法情况等。此外，考虑在司法部下设置独立的矿山安全健康监察审查局，负责对矿山安全健康规制总局提起的公诉进行审查，以监督矿山安全监察机构在实施权力时的合法性和公平性。最后，强调矿山安全健康规制总局与其他专业部门的合作，如矿山安全健康规制总局与煤矿企业行业协会在矿山事故调查中进行有关的合作，与消防部门在矿山救护方面的合作，与质量规制部门在矿山监察以及质量管理方面的合作。

第四节　矿井安全绩效改善

随着人类社会经济可持续发展战略的实施，矿井在生产实践中纷纷引入矿井大安全绩效理念，经济绩效、生态绩效和社会绩效并重，并投入了大量人力、物力和财力，努力实施矿井大安全绩效策略。但是，总体来讲，企业矿井安全运营的绩效不够理想，其原因是多方面的，但缺乏有效的矿井安全绩效改善工具是重要原因之一。矿井安全绩效改善有许多方法和思路，如基于持续改进理论和基于重构理论的改善方法，本节仅讨论基于“绩效改善策划”（Performance Improvement Planning，PIP）的矿井安全绩效改善方法。

一　PIP 的原理及其与矿井安全绩效的耦合

绩效改善策划（PIP）是国际劳工组织管理开发部的两位国际劳工组织项目专家罗伯特·艾布拉姆森和瓦尔特·霍塞特（1999）共同提出的，PIP 是一种有计划的和系统的组织变革方法，强调整个组织系统的努力行为，其目标在于提高整个组织的绩效和活力，并借助于企业策划、目标管理、过程咨询及现代行为科学中有关领导、激励和组织变革的观念，通过对组织结构和组织过程进行有计划的干预，帮助实现组织的具体目标和意图。

矿井安全绩效的提高是在可持续发展观的要求下，企业从承担社会责任、保护环境、充分利用资源等角度出发，在矿井设计与开发、煤炭生产与加工、生态与社会服务等全过程中，采取相应措施，引导和满足社会的可持续发展需求，促进煤矿的可持续生产，实现煤矿的运营目标。其绩效在于实现有限煤炭资源的有效配置，追求煤矿即期运营行为和长期运营战略与社会、经济、生态、环境、资源利用的有机协调以及对企业供应链发展的良性影响。

大安全绩效策略的实施是一项系统的组织变革工程，既有来自于社会公众大安全意识的觉醒、政府的相关立法要求、公众的环保呼声和公益组织的促进、经济和技术进步的支持等外部环境要求变革的巨大压力，又在企业组织内部存在着企业在新的安全绩效含义下的市场发展机会与占领市场的欲望、提高市场竞争力和取得竞争优势的驱动、取得更大综合效益和促进企业长远发展的要求、打破“传统安全壁垒”和要求安全绩效观念变革的巨大驱动力。因此，矿井实施安全运营策略、持续提高安全绩效应该引入绩效改善策划（PIP）法，构建矿井安全绩效要素系统。

二　矿井安全绩效改善制衡

矿井安全运营及其绩效的形成是一个大系统，在矿井安全绩效改善时，务必要求政府、社会和企业的动态协同，使其既相互依赖而又相互制约，从而全面系统地推进矿井安全绩效的良性运行。要真正实现三者的有效平衡，一定要弄清目前政府、社会和煤矿三方的态势。从目前三方所处的现实情况来看，是处于失衡状态：政府与社会具有相当的主动性，它们对煤矿提出要求和希望，规定法律义务，把矿井安全绩效的责任压力传递到企业；煤矿是承担社会责任压力的直接主题，是各方努力的着力点，但它们缺少发言权，履行社会责任的积极性不高。动态协同的实质就是把煤矿社会责任问题视为全局性的社会责任问题，通过煤矿、社会和政府的互动与合作，实现共赢与和谐。没有煤矿的努力，煤矿的社会责任就会成为空中楼阁；没有政府的监督，煤矿社会责任的实现就会缺乏有力的保障；没有社会的参与，则无法营造实现社会责任的舆论氛围和提供灵活多样的对话机制。图 7－3 是单一视角和三方协同视角的比较。

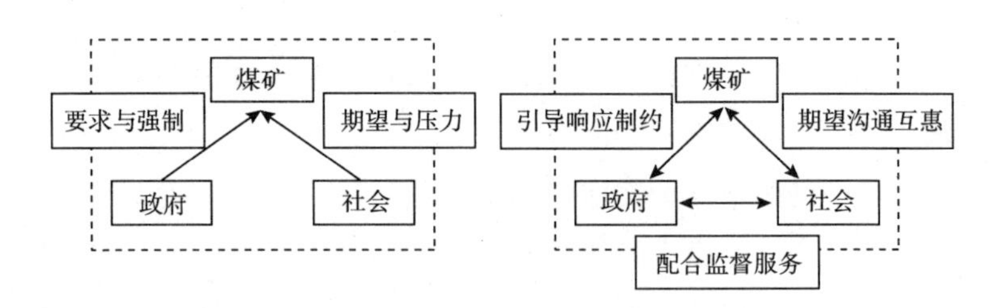

图 7－3　单一视角和三方协同视角的比较

煤炭工业发展的可持续性要求对煤矿的发展处于外部控制与引导地位，同时，矿井安全绩效要素系统的良性运行又对煤炭行业的发展产生正向影响。宏观的可持续发展环境系统又不断地对煤矿的安全绩效活动提出新的要求，以矫正矿井安全绩效活动；矿井安全绩效理念系统处于整个矿井安全绩效要素系统内部的准则层，而矿井安全绩效执行系统和控制系统则是在矿井安全绩效理念的指导下所采取的具体行为，其效果又进一步强化和固化煤矿的安全绩效理念。三方之间相互引导响应制约、期望沟通互惠、配合监督服务，如此反复循环，方可形成矿井大安全绩效发展路径。

附录

矿井安全绩效评价的规范标准

本书提出了大安全绩效观，矿井安全绩效要素系统是一个多指标的复杂系统，表现为经济绩效、生态绩效和社会绩效的协同性、持续性和发展性。指出了煤矿的安全应该是多重价值要素和谐的安全，包括经济安全、生态安全和社会安全。随着可持续发展、和谐发展战略的实施与企业社会责任运动的不断深化，国内外相继出台了一系列有利于企业可持续发展规范标准，主要包括:《联合国全球契约》、《全球沙利文原则》、《关于环境与发展的里约热内卢宣言》(简称《里约热内卢环境宣言》)、《环境责任经济联盟原则》、SA8000、ISO26000、ICCR 全球公司责任准则等。

一 《联合国全球契约》：矿井安全绩效的伦理规范

《联合国全球契约》是为承诺依据在人权、劳工、环境和反腐败方面普遍接受的十项原则进行运作的各企业提供的一个框架。《联合国全球契约》是在经济全球化背景下针对企业履行社会责任而提出来的。1999 年 1 月在瑞士召开的世界经济论坛的年会中，联合国秘书长安南首次提出《联合国全球契约》计划，并于 2000 年 7 月在联合国总部正式启动。

为推进《全球契约》的实施，联合国专门成立了全球契约办公室，并与联合国人权高专办、国际劳工组织、联合国环境规划署、联合国开发计划署和联合国工业发展组织设立了一个工作团队，在世界各国和地区成立了 40 多个地区网络（中国企业联合会全球契约推进办公室也在其中)，在拉丁美洲、非洲、阿拉伯、南亚、中亚、东亚和北美每隔一年召开一次会议，讨论区域具体问题，交流这方面的知识，就对话、学习、项目、推广、交流等问题同其他全球契约网络及纽约全球契约办公室联络，交流知识。联合国还于 2005 年 6 月成立全球契约理事会，由企业、劳工、国际社会及联合国系统的代表组成，为全球契约发展提供持续性的战略和政策建议。

《联合国全球契约》的目的是通过集体行动的力量，推动企业的公民意识，促进利益相关者合作关系，使企业参与应对全球化的各项挑战，建立可持续发展和社会效益共同提高的全球框架。《联合国全球契约》的提出，为企业成为对社会负责的公司，参与经济全球化条件下的国际事务提供了一个机会，同时，也为企业扩大国际知名度、建立国际联系提供了一个机会。《联合国全球契约》不具备法律效力，它主要通过政策对话、学习、地方机构和伙伴合作项目等途径，推动企业遵守其规定的原则。一是政策对话。全球合约每年召开一系列会议，着重讨论全球化和企业公民意识方面的具体问题。会议提供建设性参与机会，使联合国机构、劳工、非政府组织和其他团体聚集一堂，寻求解决问题的办法。二是地方网络。《联合国全球契约》鼓励在国家或区域设立地方性机构和网络。这些网络的目的是在以下方面提供资助：执行全球契约原则；相互学习和交流信息；开展地方或区域全球化问题对话；伙伴合作项目；发展更多企业参加《联合国全球契约》。三是学习。请企业在全球契约万维网站相互交流自己的做法，进行个案研究和分析，交流知识和经验。四是伙伴合作项目。《联合国全球契约》鼓励企业参加联合国机构和民间社会组织支持联合国发展目标的伙伴合作项目。

《联合国全球契约》包括十项原则，涉及四个方面。

人权方面

原则 1：企业应该尊重和维护国际公认的各项人权。

原则 2：绝不参与任何漠视与践踏人权的行为。

劳工标准

原则 3：企业应该支持结社自由和有效承认集体谈判权。

原则 4：彻底消除各种形式的强迫和强制劳动。

原则 5：有效消除童工。

原则 6：消除就业和职业歧视。

环境方面

原则 7：企业应对环境挑战未雨绸缪。

原则 8：主动增强环保责任。

原则 9：鼓励环境友好技术的研发与推广。

反腐败方面

原则 10：企业应反对各种形式的腐败，包括敲诈勒索和行贿受贿。

二 《沙利文全球原则》：矿井安全绩效的行为纲领

《沙利文全球原则》在国际知名的企业家、慈善及人权工作者里昂·沙利文的多年推动下，1999 年 2 月正式公布了适用于企业履行社会责任的纲领《沙利文全球原则》。

《沙利文全球原则》的目的是鼓励公司无论在何地经营，都要支持经济上、社会上、政治上的公平。与《联合国全球契约》一样，《沙利文全球原则》也是一项推动性原则和指导性原则，企业可以结合自己的特点，按照《沙利文全球原则》所提供的框架，制定自己的行为守则。

《沙利文全球原则》文本如下：作为自愿遵守《沙利文全球原则》的企业，我们将遵从法律，作为对社会负有责任的一员，我们将扮演企业应尽的角色，诚信地应用这些原则。我们会制定和实施公司的政策、程序文件、进行培训和建立内部报告结构，保证我们对这些原则的承诺贯穿于我们的组织。我们相信应用这些原则，将有助于促进不同种族间更大的包容与了解，推动和平文化。因此，我们要支持全球人权议题，特别是支持我们员工、经营所在地的社区以及我们的业务伙伴。促进公司各个阶层的员工享有平等的权利，无论肤色、种族、性别、年龄与宗教信仰。同时，经营时善待劳工，禁止利用童工、体罚、性别歧视、奴役或其他形式的虐待。尊重员工自愿结社的自由。员工的待遇至少要满足其基本需要，并有给予其改进技能的机会，从而增加他们的社会机会和经济收入。提供健康安全的工作条件，保护环境和人类健康，促进可持续发展。与政府和社区合作，提高社区的生活质量，包括教育、文化、经济和社会福利，同时为弱势劳工提供培训和机遇。与业务伙伴一起，共同促进这些原则的应用。我们落实这些原则的过程与成果将会透明化，并将公开承诺执行这些原则的资讯。

《沙利文全球原则》之所以受到众多跨国公司的支持，缘于它在很大程度上来源于企业社团，不像经合组织的跨国公司准则是由各国政府代表制定的。“沙利文全球原则”包括沙利文教士所说的“对社会负责的公司，无论大小都可以作为目标来调整内部政策和惯例的参照标准”。企业是必须对整个社会负责的组成部分之一，企业已不再被看做只是为拥有者创造财富的工具，它必须对整个社会的政治、经济发展负责。这种企业新概念注定会改变人们对企业的看法、企业对自己的看法以及企业在21世纪社会中的定位。

三　《里约热内卢环境宣言》：矿井安全绩效的生态准则

联合国环境与发展会议于1992年6月3～14日在里约热内卢举行，重申1972年6月16日在斯德哥尔摩通过的《联合国人类环境会议的宣言》，并试图在其基础上再推进一步。怀着在各国、在社会各个关键性阶层和在人民之间开辟新的合作层面，从而建立一种新的、公平的全球伙伴关系的目标，致力于达成既尊重所有各方的利益，又保护全球环境与发展体系的国际协定，认识到我们的家乡——地球的整体性和相互依存性，形成了《里约热内卢环境宣言》。

《里约热内卢环境宣言》就环境与发展问题的国际合作规定了一般性原则，确定了各个国家在寻求人类发展和繁荣时的权利和义务，制定了人和国家的行动规范。与《里约热内卢环境宣言》相联系的还有《气候变化框架公约》、《生物多样性公约》、《荒漠化公约》等，我国是这一系列公约的签约国。

《里约热内卢环境宣言》的主要内容如下。

原则1：人类处于可持续发展问题的中心。他们应享有以与自然相和谐的方式过健康而富有的生活的权利。

原则2：各国拥有按照其本国的环境与发展政策开发本国自然资源的主权权利，并负有确保在其管辖范围内或在其控制下的活动不致损害其他国家或各国管辖范围以外地区的环境的责任。

原则3：为了公平地满足今世后代在发展与环境方面的需要，求取发展的权利必须实现。

原则4：为了实现可持续的发展，环境保护工作应是发展进程的一个整体组成部分，不能脱离这一进程来考虑。

原则5：为了缩短世界上大多数人在生活水平上的差距，更好地满足他们的需要，所有国家和所有人都应该在根除贫穷这一基本任务上进行合作，这是实现可持续发展的必不可少的条件。

原则6：发展中国家、特别是最不发达国家和在环境方面最易受伤害的发展中国家的特殊情况和需要应受到优先考虑。

原则7：各国应本着全球伙伴精神，为保存、保护和恢复地球生态系统的健康和完整进行合作。

原则8：为了实现可持续发展，使所有人都享有较高的生活水平，各国应当减少和消除不能持续的生产和消费方式，并且推行适当的人口政策。

原则9：各国应当合作加强本国能力的建设，以实现可持续的发展。

原则10：环境问题最好是在全体有关市民的参与下，在有关级别上加以处理。在国家一级，每一个人都应当能适当地获得公共当局所持有的关于环境的资料。各国应通过广泛提供资料来便利及鼓励公众的认识和参与。应让人人都能有效地使用司法和行政程序，包括补偿和补救程序。

原则11：各国制定有效的环境立法。环境标准、管理目标和优先次序应该反映它们适用的环境和发展范畴。

原则12：为了更好地处理环境退化问题，各国应该合作促进一个支持性和开放的国际经济制度，这个制度将会导致所有国家实现经济成长和可持续的发展。

原则13：各国应制定关于污染和其他环境损害的责任和赔偿受害者的国家法律。各国应迅速并坚决地进行合作，进一步制定关于在其管辖或控制范围内的活动造成环境损害的责任和赔偿的国际法律。

原则14：各国应有效合作，阻碍或防止任何造成环境严重退化或证实有害人类健康的活动和物质迁移转让到他国。

原则15：为了保护环境，各国应根据本国的能力，广泛适用预防措施。

原则16：考虑到污染者原则上应承担污染费用的观点，国家当局应该努力促使内部负担环境费用，并且适当地照顾到公众利益，而不歪曲国际贸易和投资。

原则17：对于拟议中可能对环境产生重大不利影响的活动，应进行环境影响评价，并应由国家管理当局做出决定。

原则18：各国应将可能对他国环境产生突发的有害影响的任何自然灾害或其他紧急情况立即通知这些国家。国际社会应尽力帮助受灾国家。

原则19：各国应将可能对跨越国界的环境有重大不利影响的活动向可能受到影响的国家预先、及时地提供信息和有关资料，并应在早期阶段诚意地同这些国家进行磋商。

原则 20：妇女在环境管理和发展方面具有重大作用。因此，她们的充分参加对实现可持续发展至关重要。

原则 21：应调动世界青年的创造性、理想和勇气，培养全球伙伴精神。以期实现持续发展和保证人人有一个更好的未来。

原则 22：土著居民及其社区和其他地方社区由于他们的知识和传统习惯，在环境管理和发展方面具有重大作用。各国应承认和适当支持他们的特点、文化和利益，并使他们能有效地参加实现可持续发展的实践。

原则 23：受压迫、统治和被占领地区的人民，其环境和自然资源应予保护。

原则 24：战争定然破坏持续发展。因此各国应遵守国际法关于在武装冲突期间进一步发展。

原则 25：和平、发展和保护环境是互相依存和不可分割的。

原则 26：各国应和平地按照《联合国宪章》采取适当方法解决其一切环境争端。

原则 27：各国和人民应真诚地坚持伙伴合作精神，实现本宣言所体现的各项原则，并促进可持续发展方面的国际法的进一步发展。

四 《环境责任经济联盟原则》：矿井安全绩效的协同规范

环境责任经济联盟（CERES）1989 年在美国成立，成员主要来自美国各大投资团体及环境组织，该组织致力于促使企业界采用更环保、更新颖的技术与管理方式，以尽到企业对环境的责任，尤其是推动企业环境报告的工作。1997 年，环境责任经济联盟发起成立了全球报告倡议（GRI），该协会已于 2002 年 6 月成立了一个独立的国际性组织。全球报告倡议（GRI）设计和推行的用于编制可持续发展报告的指导性纲领《可持续报告指南》已经成为许多企业经济、社会和环境绩效报告的国际标准。

1.《环境责任经济联盟原则》

1989 年，环境责任经济联盟提出包含十条内容的企业行为规定——《瓦尔德斯原则》（Valdez Principle），后修改为《环境责任经济联盟原则》（GERES Principle），于 1992 年颁布。该原则包含了企业经济活动对环境影响的十个方面。

（1）保护地球：我们将为减少并消除任何可能对空气、水、地球及其栖息者产生环境破坏的物质的排放，力争取得不断的进步。我们将保护所有被我们行为影响的自然环境，并在保持生物多样性的同时保护开放的空地和荒地。

（2）维护性地使用自然资源：我们将维护性地使用可更新的自然资源，比如水、土壤和森林。我们将通过有效使用和仔细规划，保护不可更新的自然资源。

（3）减少废物的产生并对其进行处理：我们将通过减少资源使用和再回收利用，减少并尽可能地消除废物。所有废物应该以安全和负责的方法被处理掉。

（4）保护能源：我们将保护能源，并提高内部生产过程以及所出售的产品和服务中能源的使用效率。我们将做出每一分努力，以便在环境安全条件下维护性地使用能源。

（5）降低风险：我们将努力把带给员工和社会的环境、健康和安全风险降到最低，我们通过安全的技术、设备、操作规程以及为紧急情况做好准备来实现上述目标。

（6）安全的产品和服务：我们将减少并尽可能消除破坏环境或对健康和安全造成威胁的产品和服务的使用、生产和销售。我们将通知顾客，把我们的产品和服务对环境的影响告诉他们，并努力纠正不安全的使用方法。

（7）使环境得到恢复：我们将迅速、负责任地改正已经给健康、安全或环境带来威胁的行为。在可能的范围内，我们将对给人们造成的伤害或是给环境带来的破坏予以赔偿，并将使环境得到恢复。

（8）向公众通告：我们将及时通知可能受我们企业行为影响的每个人，这些行为可能威胁健康、安全或是环境。我们将定期收集建议并与企业附近社区的人们进行对话。我们不会采取任何行动反对任何向管理层或相关部门上报危险事故或行为的人。

（9）管理承诺：我们将实施这些原则并确保董事会和首席执行官（CEO）充分了解相关环境问题以及为环境政策负全责。在选举董事会时，我们会把对环境的承诺作为考虑的一个因素。

（10）审计和报告：我们将对每年实施这些原则的进展情况进行自我评估。我们支持及时建立能被普遍接受的环境审计程序。每年我们要完成 CERES 报告，并对外公布。

CERES 原则的一个最大优点就是 CERES 与公司不断进行对话。与绝大多数原则和标准的情况不同，公司不能单方决定采用 CERES 原则，签署该原则是一个双向的过程，即企业承诺，CERES 董事会接受。在与企业的对话中，董事会提出 CERES 网络组织认同的问题。

尽管 CERES 原则在性质上是带领性的，但公司与 CERES 之间的对话允许更大的专一性。在对话过程中，公司可以解释该原则是如何应用到公司自己的经营中的。

在 CERES 中公司与利益相关者之间的约定是 CERES 原则一个重要标志，建立了信任，避免冲突。

CERES 原则的最大优势之一就是可私下探讨分歧，而不是通过媒体或在法庭上进行。本着相互尊重和达成一致意见的精神，进行此种会谈。CERES 的参与者认为这种以信任为基础解决冲突的方法是该组织最有价值的一个贡献。同时，通过 CERES 报告，可公开与环境相关的数据。

CERES 原则包含保护告密者条款，这对于保护揭露企业违反原则的那些员工非常重要，避免公开那些信息而遭受报复。CERES 原则声明，对于向管理部门和适当的主管部门汇报危险事件或状况的员工，会采取一些措施保护他们。

在可遇见的未来，“企业环境报告书活动”在国际的影响范围将更为广泛。根据《环境责任经济联盟原则》，在公司就这些问题进行披露时，标题应该是“审计和报告”（Audits and Reports）。接下来是：“我们将会就公司对这些原则的履行情况作一个年度的自我评估。我们支持及时地创造能够被普遍接受的环境审查程序。我们每年都会编写环境责任经济联盟报告供公众查阅。”

2. 企业提供环境报告书标准

《环境责任经济联盟原则》（CERES）要求企业提供环境报告书的标准格式的内容分为十个项目。

（1）公司简介。

（2）环境政策、组织及管理。

（3）工厂卫生与安全。

（4）社区参与和可靠性。

（5）产品管理工作。

（6）与供应商的关系。

（7）自然资源的使用。

（8）排放物和废弃物。

（9）守规性。

（10）优势与挑战。

环境责任经济联盟力图通过加强环保组织和企业界的合作，推动公司接受《环境责任经济联盟原则》。该原则前六项主要是阐述一些期望达到的目标，而后四项则颇为严格——要求对环境破坏有所补偿、透露造成破坏的真相、每年执行中立的环保检验等。《环境责任经济联盟原则》中有一条要求公司的董事和首席执行官应该充分关注环境问题并对环境政策负全部责任。原则指出，“表示出对环境的关注”应该成为选择董事会成员的标准。

环境责任经济联盟认为，全球可持续发展必须与环境责任相协调，其使命便是鼓励企业承诺并践行《环境责任经济联盟原则》。凡接受该原则的公司要对影响社会发展的一系列问题做出承诺，这包括：保护物种生存环境，对自然资源进行可持续性利用，减少制造垃圾和能源使用，恢复被破坏的环境等。承诺该原则意味着企业将持续为改善环境而努力，并且为其全部经济活动对环境造成的影响担负责任。

作为一个由社会投资者和环境团体组成的非营利性组织，环境责任经济联盟一直在努力推动使所有投资者的投资更环保。环境责任经济联盟每年都要公布一个报告：对环境佼佼者进行报道，并公布10个环境最落后者，同时列出承诺《环境责任经济联盟原则》的公司名录。这些列表名录影响着具有环境和社会意识的投资者。

五　SA8000标准：矿井安全绩效的社会责任标准（第三方认证）

SA8000标准简介。SA8000为Social Accountability8000的简称，即“社会责任标准”。1997年，作为一家长期研究社会责任及环境保护，积极关注劳工条件的非政府组织——美国经济优先权委员会，设计了社会责任8000（SA8000）标准和认证体系。2001年，经济优先权委员会更名为社会责任国际组织（Social Accountability International，SAI）。SAI咨询委员会负责起草社会责任国际标准，它由来自11个国家的20个大型商业机构、非政府组织、工会、人权及儿童组织、学术团体、会计师事务所及认证机构组成。2001年12月，经过18个月的公开咨询和深入研究，SAI发表了SA8000标准第一个修订版，即SA8000—2001。2008年5月1日，社会责任国际组织发布了SA8000的第三版SA8000。SA8000是全球第一个可用于第三方认证的社会责任管理体系标准，其依据《国际劳工组织宪章》和《联合国儿童公约》国际公约，是继ISO9000、ISO14000之后出现的规范企业组织社会道德行为的另一个重要的具有国际性的新标准。SA8000标准是一个全球性的、可供认证的、主要用于解决工作场所诸多问题的审核和保证的通用标准，不仅适用于发展中国家，也适用于发达国家；不仅适合于各类工商企业，也适合于公共机构。目前，该标准已在全球的工商领域和企业机构逐渐推广、应用和实施。任何企业或组织可以申请通过 SA8000 认证，向客户、消费者和公众展示其良好的社会责任表现和承诺。

1. 社会责任标准构成

SA8000 标准由九个要素组成。

（1）童工：不使用或支持使用童工；救济童工；对童工与未成年工的教育；对童工与未成年工的安全卫生。

（2）强迫劳动：不使用或支持使用强迫性劳动；不扣押身份证或收取押金。

（3）健康与安全：安全、健康的工作环境；任命高层管理代表负责健康与安全；健康与安全培训；健康与安全检查，评估和预防制度；厕所、饮水及食物存放设施；工人宿舍条件。

（4）结社自由及集体谈判权利：尊重结社自由及集体谈判权利；法律限制时，应提供类似方法；不歧视工会代表。

（5）歧视：不从事或支持雇用歧视；不干涉信仰和风俗习惯；不容许性侵犯。

（6）惩戒性措施：不使用或支持使用体罚、辱骂或精神威胁。

（7）工作时间：遵守标准和法律规定，至多每周工作 48 小时；至少每周休息一天；每周加班不超过 12 小时，特殊情况除外；额外支付加班工资。

（8）工资报酬：至少支付法定最低工资，并满足基本需求；依法支付工资和提供福利，不罚款；不采用虚假学徒计划。

（9）管理体系：政策；管理评审；公司代表；计划与实施；供应商、分包商和分供商的监控；处理考虑和采取纠正行动；对外沟通；核实渠道；记录等。

2. 社会责任标准认证程序

SA8000 认证程序，大致包括以下几个步骤：

（1）公司提交申请书。当公司完成准备工作，基本具备认证条件时，可向认证机构递交申请书，也可提前提交申请，在认证机构的指导下进行准备。

（2）评审和受理。认证机构对公司递交的申请书进行评审，审核其内容是否符合认证的基本条件，如符合则受理，不符合则通知公司不予以受理。

（3）初访。社会责任管理体系十分注重现场表现，审核前对被审核方的访问是必要的是。初访的目的是确定审核范围，了解公司现状，收集有关资料和确定审核工作量。

（4）签订合同。认证机构和委托方可就审核范围、审核准则、审核报告内容、审核时间、审核工作量签订合同，确定正式合作关系，缴纳申请费。

（5）提交文件。合同签订后，被审核方应向认证机构提供社会责任管理手册、程序文件及相关背景材料，供认证机构进行文件预审。

（6）组成审核组。在签订合同后，认证机构应指定审核组长，组成审核组，开始准备工作。

（7）文件预审。由审核组长组织审核组成员进行文件预审，如果社会责任管理文件存在重大问题，则通知被审核方或委托方，由被审核方进行修改并重新递交文件。如文件无重大问题，则开始准备正式审核。

（8）审核准备。审核组长组织审核组成员制定审核计划，确定审核范围和日程，编制现场审核检查表。

（9）预审。委托方认为有必要，可以要求认证机构在正式认证审核前进行预审，以便及时采取纠正措施，确保正式审核一次通过。

（10）认证审核。由认证机构按审核计划对被审核方进行认证审核。

（11）提交审核报告和结论。根据审核结果可能有三种结论，即推荐注册、推迟注册及暂缓注册。

（12）技术委员会审定。对审核组推荐注册的公司，认证机构技术委员会审定是否批准注册，如未获批准则需重新审核。

（13）批准注册。认证机构对审定通过的公司批准注册。

（14）颁发认证证书。认证机构向经批准注册的公司颁发SA8000认证证书。

（15）获证公司公告。认证机构将获证公司向SAI备案，由SAI在其网站公布。

（16）监督审核。认证机构对获证公司进行监督审核，监督审核每半年一次，认证证书有效期为三年，三年后需进行复评。

SA8000是公司全面管理体系的组成部分，其运行模式与ISO9000质量保证体系、SI014000环境管理体系等标准的运行模式相似，主要分为四个阶段，即计划阶段、实施阶段、验证阶段和改进阶段。

六　ISO14000系列标准：矿井安全绩效的环境管理系列标准

ISO14000系列标准是国际标准化组织（ISO）继ISO9000标准之后推出的又一个管理标准。该标准是由ISO/TC207的环境管理技术委员会制定，其标准号由14001到14100共100个号，统称为ISO14000系列标准。该系列标准融合了世界上许多发达国家中环境方面的经验，是一种完整的、操作性很强的体系标准，包括为制定、实施、实现、评审和保持环境方针所需的组织结构、策划活动、职责、惯例、程序过程和资源。其中ISO14001是环境管理体系标准的主干标准，它是企业建立和实施环境管理体系并能通过认证的依据。ISO14000环境管理体系国际标准是规范企业和社会团体等所有组织的环境行为，以达到节省资源、减少环境污染、改善环境质量、促进经济持续、健康发展的目的。

ISO14000是一个系列的环境管理标准，它包括了环境管理体系、环境审核、环境标志、生命周期分析等国际环境管理领域内的许多焦点问题。按标准的性质分，ISO14000 系列标准可分为三类。

第一类：基础标准——术语标准。

第二类：基本标准——环境管理体系、规范、原理、应用指南。

第三类：支持技术类标准（工具），包括环境审核，环境标志，环境行为评价和生命周期评估 4 项内容。

按标准的功能分，ISO1400 系列标准可分为两类。

第一类：评价组织，包括环境管理体系，环境行为评价和环境审核。

第二类：评价产品，包括生命周期评估，环境标志和产品标准中的环境指标。

ISO14000 系列标准共预留 100 个标准号，分为七个系列，其编号为 ISO14001 ~ ISO14100（见附录表 1）。

附录表 1　ISO14000 系列标准的标准号分配表

系　列	指　标	标准号
SC1	环境管理体系（EMS）	14001 ~ 14009
SC2	环境审核（EA）	14010 ~ 14019
SC3	环境标志（EL）	14020 ~ 14029
SC4	环境绩效评价（EPE）	14030 ~ 14039
SC5	生命周期评价（LCA）	14040 ~ 14049
SC6	术语与定义（T&D）	14050 ~ 14059
WG1	产品标准中的环境指标	14060
	备　用	14061 ~ 14100

目前正式颁布的 ISO14000 标准有 ISO14001、ISO14004、ISO14010、ISO14011、ISO14012、ISO14020、ISO14031、ISO14040、ISO14062 等多个标准。

ISO14001是ISO14000系列标准的主体标准，于1996年9月正式颁布，它规定了组织建立环境管理体系的要求，明确了环境管理体系的要素，共包含了5大部分，17个要素（见附录表2）。本标准要求组织建立环境管理体系，并据此建立一套程序来确立环境方针和目标，实现并向外界证明其环境管理体系的符合性，以达到支持环境保护和预防污染的目的。该项标准向组织提供的体系要素或要求，适用于任何类型和规模的组织。

附录表2　环境管理体系的要素

一级要素	标准号
（一）环境方针	1. 环境方针
（二）规划（策划）	2. 环境因素，3. 法律与其他要求，4. 目标和指标，5. 环境管理方案
（三）实施与运行	6. 组织结构和责任，7. 培训、意识和能力，8. 信息交流，9. 环境管理体系文件，10. 文件控制，11. 运行控制，12. 应急准备和反应
（四）检查和纠正措施	13. 检测和测量，14. 不一致纠正和预防措施，15. 记录，16. 环境管理体系审核
（五）管理评审	17. 管理评审

七　ISO26000：矿井安全绩效的社会责任标准

ISO26000是在ISO9000和ISO14000之后制定的最新标准体系，旨在帮助组织通过改善与社会责任相关的表现与利益相关方达成相互信任。ISO26000的意义在于，它将企业社会责任（CSR）推广到任何形式组织的社会责任（SR），在全球统一了社会责任的定义，明确了社会责任的原则，确定了践行社会责任的核心主题，并且描述了以可持续发展为目标，将社会责任融入组织战略和日常活动的方法。ISO26000系统地总结了社会责任发展的历史，概括了社会责任的基本特征和基本实践，表达了社会责任的最佳实践和发展趋势。ISO26000是国际各利益相关方代表对社会责任达成基本共识并取得颇具发展潜力的成果。因此，可以说ISO26000是社会责任发展的里程碑和新起点。

1. 社会责任原则

ISO26000提出了社会责任的七个原则，这七项原则贯穿于组织的每一个核心主题的行为实践中，具体内容如下。

（1）担责原则。组织应对其决策和活动对社会造成的总体影响负责。担责原则不但对管理层强加了一种义务，即要对该组织的控制利益负责；还对该组织强加了一种义务，即组织应在有关法律法规方面对法律当局负责。但组织承担责任的程度应与其权限的水平或程度相当。

（2）透明度原则。组织在其影响社会、环境的决策和活动方面应当透明。组织应及时以一种清晰、准确和完整的方式披露其政策、决策和活动，包括已知的和可能的对社会及环境的影响。但是透明性原则并不要求专属信息被公开发布，也不包括提供受法律保护的信息或损及法律的、商业的、安全的或个人的保密义务的信息。

（3）道德行为原则。组织的行为应随时随地合乎道德。组织的行为应当建立在诚实、公平和正直的道德基础上，这种道德意味着对人、对动物和对环境的关切，意味着一种重视利益相关方利益的承诺。

（4）尊重利益相关方的利益。组织应尊重、考虑和回应其利益相关方的利益。这就要求组织应当准确识别其利益相关方，意识并尊重本组织利益相关方的利益和需要，并回应它们表达的关切，承认利益相关方的利益和合法权利等。

（5）尊重法治。组织应认同尊重法治是强制性的。法治意味着法律是至高无上的，特别是指任何个人或任何组织不得凌驾于法律之上，政府也必须服从法律的观点。在社会责任的背景下，尊重法治意味着组织应遵守所有适用的法律法规。

（6）尊重国际行为规范。在法律或其实施不能提供最低的环境和社会保护措施的国家中，应努力尊重国际行为规范。在法律与国际行为规范存在严重冲突的国家中，组织应尽可能遵守该准则。同时，组织应考虑利用合法机会和渠道寻求影响相关组织和政府机关，以纠正任何此类冲突，并应避免成为未能与国际行为规范保持一致的其他组织活动的同谋。

（7）尊重人权。组织应尊重人权，并承认人权的重要性和普遍性。因此，组织应当尊重和促进《国际人权宪章》中规定的权利，接受这些权利是普遍性的。在人权不受保护的状况下，应采取适当措施尊重人权并避免从这种状况获利，以及在法律或其实施不能为人权提供足够保护的状况下，坚持尊重国际行为规范的原则。

虽然工作组专家对究竟社会责任原则应该包括什么有不同看法，但应该承认，目前提出的这些原则还是构成了今后理解和履行社会责任的基础。

2. 社会责任核心问题

ISO26000 将社会责任归纳为 7 个核心问题，即公司治理、人权、劳工、环境、公平运营实践、消费者问题以及对社会发展作贡献等。

（1）公司治理。主要描述的是一个组织的管理体系设立和如何提高管理效率，以实现更易执行的更好决策；改善组织表现；更好地确定和管理风险与机遇；更加关注对利益相关方产生的影响；以及对组织的决定和行动的信任并更广泛的接受这几项目标。

在原则和意见方面，草案列举了公司治理应从遵守法律、承担义务、透明性、道德行为、对利益相关方及其顾虑的认可 5 个角度考虑制定具体的管理措施和设置相应制度、机构等。从 5 个角度分别作为组织管理的 5 个问题，就每一个问题，给出组织应该如何做，如何展开行动的具体的意见。

（2）人权。人权部分主要参照了《世界人权宣言》和有关人权的两个国际公约。其中人权部分包括公民和政治权利、社会经济和文化权利、弱势群体权利以及工作中的基本权利。

（3）劳工。劳工实践包括就业和劳动关系；工作条件和社会保障、社会对话、职业安全卫生以及人力资源开发等。

（4）环境。保护环境包括承担环境责任、采取预防性方法、采用有利环境的技术和实践、循环经济、防止污染、可持续消费、气候变化、保护和恢复自然环境等。

（5）公平运作。公平运作实践是要通过鼓励公平竞争，提高商业交易的可靠性和公平性，防止腐败和推进公平政治进程这些方式，来营造一个良好的组织运作的外部环境。在该部分的具体问题中，主要包括反腐败和行贿、负责任的政治参与、公平竞争、在供应链促进社会责任以及尊重财产权等。

（6）消费者问题。消费者问题包括公平营销、信息和合同实践、保障消费者健康和安全、促进有益环境和社会的产品和服务、消费者服务、支持和争议处理、消费者信息和隐私保护、接受基本产品和服务、可持续消费、教育和意识等。

（7）社会发展。对社会发展作贡献包括参与社区发展、对经济发展作贡献等。这些内容是在当前条件下，各方面对一个社会组织履行社会责任内容的归纳，既是对过去社会责任活动的经验总结，也是未来一个时期社会责任活动的方向。社会责任活动可以不限于这些内容，一个组织也未必将所有七项内容都同时当做自己履行社会责任的重点。

3. 社会责任特点

ISO26000 开发目标的设定、组织实施、流程管理和协同等方面与其他标准开发的传统方式相比具有自身的特色，其主要特点表现如下：

（1）以提供全球普适的社会责任指南为目标。

（2）内容不仅限于企业社会责任（CSR），而且也是针对所有组织的社会责任（SR）。

（3）鼓励全球按最佳实践履行社会责任，促进可持续发展。

（4）明确社会责任标准的指南性，自愿性和非认证性。

（5）以利益相关方参与和共识为基础。

（6）组成6个利益相关方参与，即企业、政府、非政府组织、工会、消费者和科技、服务等。

（7）社会责任工作组中各成员国派6位代表，同时在本国境内设立6方参与的与ISO对口的社会责任工作组。

（8）非ISO成员，即每个国际联络组织也可推荐2名工作组代表参加。

（9）在“国际标准化”开发史上，发展中国家参加数量首次超过发达国家的数量，占比分别是62%和37%。

（10）社会责任工作小组设定两位主席，具有同等权力，遵循发达国家与发展中国家代表“成对领导”原则。

（11）ISO有史以来最大的项目工作组，参加国多达90多个，过去一般只有20个国家。还有联络组织40多个，专家人数达400多人。

（12）与联合国全球契约、国际劳工组织、经济合作发展组织等合作，签订了合作备忘录。

总体而言，ISO26000是国际标准化组织在广泛联合了包括联合国相关机构、GRI等在内的国际相关权威机构的前提下，充分发挥各会员国的技术和经验优势制定开发的一个内容体系全面的国际社会责任标准。它兼顾了发达国家与发展中国家的实际情况与需要，并广泛听取和吸纳各国专家意见与建议。尽管由此也导致了其出台过程相对漫长，但可以预见，该标准的诞生将会在更大范围、更高层次的意义上推动全球社会责任运动的发展，并将获得各类组织的响应与采纳。

八　ICCR全球公司责任准则：矿井安全绩效道德标准

为了积极促进企业社会责任与人类社会以及生态之间的可持

续发展，全球公司责任准则应运而生。该准则在 1995 年正式提出，并于 1998 年由加拿大、英国和美国的宗教团体等机构合作进行修订。该准则为全球企业社会责任提供了道德标准。

1971 年，泛宗教企业责任中心（Interfaith Center Oil Corporate Responsibility，ICCR）在美国纽约成立。拥有 40 年历史的泛宗教企业责任中心一直是企业社会责任运动的领导者，它是由 275 家宗教机构投资者组成的协会，其会员组织包括各国教派、宗教学会、养老基金、捐赠基金、医院、经济发展基金、资产管理公司、学院和工会。泛宗教企业责任中心及其会员督促公司承担起自己的社会和环境责任。

全球公司责任准则的基本内容

该准则可分成两个部分：外部社区和公司业务社区。

1. 外部社区

（1）生态系统。通过高标准尽量减少对环境的破坏和对健康的影响。“预防原则”是十分重要的。对于那些严重或不可逆转的损害所造成的威胁，不能仅仅以缺乏充分的科学确定性作为延迟采取符合成本效益的措施防止环境退化的理由。公司应该对其产品和服务在整个生命周期对环境产生的影响承担责任。

（2）国家社区。公司作为企业公民，在其所有的办公场所，应充分遵守国际认可的社会责任标准。这有助于以一个负责任并且透明的方式促使全社会共同努力来促进全人类发展。

（3）当地社区。公司应该努力为当地社区长期的环境、社会、文化和经济的可持续发展作出贡献。

（4）本土社区。公司应该充分尊重当地人民所公认且适当的权利和法律。

2. 公司业务社区

（1）工作条件。公司应该保证每位员工受到公平的待遇与尊重。这就包括真正尊重员工自由结社的权利、成立劳动组织的权利、自由集体谈判的权利，消除就业歧视和提供给所有雇员一个安全和健康的工作环境。

（2）雇员。一是妇女方面，公司要将妇女视为为公司作出重大贡献的重要雇员群体，要确保同工同酬；二是少数群体方面，公司不能有种族、信仰、文化歧视；三是残疾人方面，公司应确保残疾人获得平等的待遇，必要时要单独考虑对其工作场所进行改善；四是童工方面，确保公司及其合同方没有雇用童工；五是强迫劳动方面，公司不能使用任何方式强迫劳动，其形式包括监狱劳动、契约劳动、抵押劳动、奴隶劳动或任何其他非义务劳动。

（3）供应商。公司应当接受所有通过合约供应商、分包商、卖家直接或间接雇用的责任。

（4）金融诚信。公司应当在其所有业务方面坚持诚实守信的原则，并且不以任何形式进行贿赂或接受贿赂。

（5）道德品质。公司应当确认其董事及雇员在维护公司的道德标准和行为守则方面起到核心作用。

（6）股东。公司治理政策应当平衡经理、雇员、股东及其他利益相关方的利益。

（7）合资公司、合作伙伴以及子公司与母公司均应遵守同样的道德准则。

（8）客户与消费者。公司对其有关产品和服务应当坚持国际标准和协定，并采用保护消费者和确保所有产品安全的市场营销方法，完全致力于公平贸易。

参考文献

外文参考书目

A. Brandowski, "Investigation of the Safety of Ship Propulsion System by Monto Careo Technique," *Reliability Data Collection and Use in Risk and Availability Assessment* (1989).

Ainsworth, M. and Smith, N., *Making it Happen: Managing Performance at Work* (Sydney: Prentice Hall, 1993).

Akerlof, G., "The Market for Lemons: Quality Uncertainty and The Market Mechanism," *Quarterly Journal of Economics* (1970).

Anders, D., "How can We Define and Understand Competencies and Their Development?", *Technovation* 21 (2001).

Bredrup, H., "Performance Measurement," In A. Rolstadas ed *Performance Management: A Business Process Benchmarking Approach* (London: Chapman & Hall, 1995).

Buchanan, *The Demand and Supply of Public Goods* (Chicago: Rand Mc McNally Co., 1968).

C. C., Walton, *Corporate Social Responsibilities* (Belmont: CA: Wadsworth, 1967).

Campbell, J. P., "A theory of Performance," In N. Schmitt, W. C. Borman Eds. *Associates Personnel Selection in Organizations* (San Francisco, CA: Jossey-Bass, 1993).

Carroll, A. B., "A three-dimensional Conceptual Model of

Corporate Performance," *Academy of Management Review* 4 (1979).

Carroll, Archie B., "The Pyramid of Corporate Social Responsibility: Toward the Moral Management of Organizational Stakeholders," *Business Horizons* 34 (1991).

Clarkson, M. B. E., "A Stakeholder Framework for Analyzing and Evaluating Corporate Social Performance," *Academy of management Review* 20 (1995).

Cross, Kelvin And Lynch, Richard, "Tailoring Performance Measures to Suit Your Business," *Journal of Accounting and EOP*, Spring (1990).

Davenport, K., "Corporate Citizenship: A Stakeholder Approach for Defining Corporate Social Performance and Identifying Measures for Assessing It," *Business & Society* 39 (2000).

David Lawrence, *Rules and Regulations and Safe Behaviour* (School of Mining Engineering, University of New South Wales, Sydney 2052, NSW Australia, 2002).

Elkington, J., "Partnerships from Cannibals with Forks: The Triple Bottom Line of 21st-Century Business," *Environmental Quality Management* (1998).

Elkington, J., *The Chrysalis Economy—How Citizen CEOs and Corporations Can Fuse Values and Value Creation* (Capstone Publishing Ltd. UK, 2001).

Elliott, Simon, Coley-Smith, "Helen, Building a New Performance Management Model at BP," *Strategic Communication Management* 5 (2005).

Folan Paul, Browne Jim, "A Review of Performance Management: Towards Performance Measurement," *Computers in Industry* 56 (2005).

Frederick, W. C., "The Growing Concern over Business Responsibility," *California Management Review* 2 (1960).

Global Reporting Initiative Secretariat, *Sustainability Reporting Guidelines* (2002).

Hamel, G., Prahalad C. K., *Competing for the Future* (Harvard Business School Press, Boston, 1994).

Hanne Nerreklit, "The Balance on the Balanced Scorecard-A Critical Analysis of Its Assumptions," *Management Accounting Research* 11 (2000).

Heisler, W. J., Jones, W. D. and Benham, P. O., *Managing Human Resources Issues* (San Francisco, CA: Jossey-Bass, 1988).

Hennipman, Pieter, *Welfare Economics and the Theory of Economics Policy* (U. K.: Edward Elgar; 1995).

Itami, H. & Roehl, T. W., *Mobilizing Invisible Asset* (Harvard University Press, 1987).

J. W., Mcguire, *Business and Society* (New York: McGraw-Hill, 1963).

J. C., Groombridge, "A Coal-mine Safety Case; Suggestions from the Petroleum Industry Following the Piper Alpha Disaster," *Mining Technology* (Transactions of the Institute of Mining, Metallurgy, Section A, 2001).

Kaplan, R., Norton D., "Putting the Balanced Scorecard to Work," *Harvard Business Review* 71 (1993).

Kaplan, R., Norton D., "The Balanced Scorecard-Measures That Drive Performance," *Harvard Business Review* 70 (1992).

Kaplan, R., Norton D., "Using the Balanced Scorecard as a Strategic Management System," *Harvard Business Review* 74 (1996).

Kaplan, R., Norton D., *he Balanced Scorecard-Translate Strategy into Action* (Harvard Business School Press, 1996).

Karlene, H., Roberts, Robert Bea, Dean L., Bartles, "Must

Accidents Happen?", *Lessons from High-reliability Organizations* (Academy of Management Executive, 2001).

Latham Gary, P., Almost Joan, Mann Sara, "New Developments in Performance Management," *Organizational Dynamics* 34 (2005).

Maybey, C. and Salaman, G., *Strategic Human Resource Management* (Oxford: Blackwell, 1995).

McAfee, R. B. and Champagne, P. J., "Performance Management: A Strategy for Improving Employee Performance and Productivity," *Journal of Managerial Psychology* 5 (1993).

Mitchell, A., Wood, D., "Toward a Theory of Takeholder Identification and Salience: Defining the Principle of Who and Really Counts," *Academy of Management Review* 22 (1997).

Murphy, K. J., "Performance Pay and Top-Management Incentives," *Journal of Political Economy* (1990).

Neely, A., Adams, C., "The New Spectrum: How the Performance Prism Framework Helps," *Business Performance Management* 2 (2003).

Poister, Theodore, H., "Performance Measurement in Municipal Government: Assessing the State of the Practice," *Public Administration Review* 59 (1999).

Ropers, S., *Performance Management in Local Government* (Harlow, Essex: Longman, 1990).

Social Accountability 8000 (2001).

Schneier, C. E., Beatty, R. W. and Aird, L. S., *Introduction The Performance Management Sourcebook* (Amherst, MA: Human Resource Development Press, 1987).

Serageldin, I., "Sustainability and the Wealth of Nations: First Steps in An Ongoing Journey," *Environmentally Sustainable Development*

Studies and Monographs (No. 5, Washington D. C: World Bank, 1996).

ShiShiliang, Etc., "Grey Evaluation of Operating Environment of Working Faces in a Coal Mine," *Progress in Safety Science and Technology* (Beijing: Science Press, 1998).

Sirgy, M. J., "Measuring Corporate Performance by Building on the Stakeholders Model of Business Ethics," *Journal of Business Ethics* 35 (2002).

Teece, D. J., Gary P., Amy S., "Dynamic Capabilities and Strategic Management," *Strategic Management Journal* (1997).

Torrington, D., and Hall, L., *Personnel Management: HRM in Action* (Hemel Hempstead: Prentice Hall, 1995).

Wartick, S. L., Cohran, P. L., "The Evolution of the Corporate Social Performance Model," *Academy of Management Review* 10 (1985).

Winter, S. G., "The satisficing Principle in Capability Learning," *Strategic Management*, *Special Issu* e 21 (2000).

Winter, S. G., "Understanding Dynamic Capabilities," *Management* 24 (2003).

Wood, D. J., "Corporate Social Performance Revisited," *Academy of Management Review* 16 (1991).

Wood, D. J., "Stakeholder Mismatching: A Theoretical Problem in Empirical Research on Corporate Social Performance," *The International Journal of Organizational Analysis* 3 (1995).

Wood, D. J., "Corporate Social Performance Revisited," *Academy of Management Review* 16 (1991).

Wood, D. J. & Jones, R. E., "Stake holder Mismatching: A Theoretical Problem in Empirical Research on Corporate Social Performance," *International Journal of Organizational Analysis* 3 (1995).

中文参考书目

艾建华、徐金标：《煤炭开采的外部性、内化政策与技术水平选择》，《中国矿业大学学报》1999年第9期。

〔美〕阿奇·B.卡罗尔：《企业与社会：伦理与利益相关者管理》，黄煜平等译，机械工业出版社，2004。

〔英〕安迪·尼利、克里斯·亚当斯、迈克·肯尼尔利：《战略绩效管理》，李剑峰译，电子工业出版社，2004。

〔美〕彼得·F.德鲁克等：《公司绩效测评》，李焰、江娅译，中国人民大学出版社，1999。

白春华：《二十一世纪安全科学与技术的发展趋势》，科学出版社，2001。

〔美〕彼得·圣吉：《第五项修炼》，郭进隆译，上海三联书店，1998。

〔英〕查尔斯·汉迪：《超越确定性——组织变革的观念》，徐华、黄云译，华夏出版社，2000。

蔡莉、郑美群：《中美企业经营绩效评价的演进及比较研究》，《经济纵横》2003年第9期。

曹庆贵：《安全综合评价的灰色系统方法及其应用程序》，《煤矿安全》1994年第4期。

陈安宁等：《资源可持续利用激励机制》，气象出版社，2002。

陈红、祁慧等：《中国煤矿重大事故中故意违章行为影响因素结构方程模型研究》，《系统工程理论与实践》2007年第8期。

陈维政、吴继红、任佩瑜：《企业社会绩效评价的利益相关者模式》，《中国工业经济》2002年第7期。

程启智：《内部性与外部性及其政府管制的产权分析》，《管理世界》2002年第12期。

崔国璋：《安全管理》，海洋出版社，1997。

方福前：《西方福利经济学》，人民出版社，1994。

冯丽霞、贺亚楠：《建立以经济增加值为核心的业绩评价指标体系》，《中国农业会计》2002年第5期。

付亚和、许玉林：《绩效管理》，复旦大学出版社，2003。

高进东：《论我国重大危险源辨识标准》，《中国安全科学学报》1999年第6期。

高尚全：《企业社会责任和法人治理结构》，《新华文摘》2004年第24期。

龚新梅：《污染排放造成的外部性分析及其对资源配置的影响》，《新疆环境保护》2003年第3期。

郭庆旺：《货币经济学》，中国人民大学出版社，2005。

国家安全生产监督管理总局网站，http：//www. chinasafety. gov. cn。

美国国家煤炭与能源调查研究中心，http：//www. nrcce. wvu. edu。

郝云宏等：《企业经营绩效评价》，经济管理出版社，2009。

何怀平：《复杂结构组织绩效管理系统的涌现及协同研究》，天津大学博士论文，2006。

何学秋：《安全学基本理论规律研究》，《中国安全科学学报》1998年第2期。

〔德〕霍斯特·西伯特：《环境经济学》，蒋敏元译，中国林业出版社，2002。

霍丙杰、侯世占：《关于提高回采率的思考》，《矿业工程》2006年第5期。

金盛华等：《中国企业经营者价值取向：现状与特征》，《管理世界》2004年第6期。

〔英〕劳伦斯·彼得斯等：《布莱克韦尔人力资源管理学百科辞典》，对外经济贸易大学出版社，2000。

〔美〕兰德尔：《资源经济学》，施以正译，商务印书馆，1989。

李德清、李洪兴：《变权决策中变权效果分析与状态变权向量的确定》，《控制与决策》2004 年第 11 期。

李桂荣：《矿区生态环境与经济协调发展评价方法与对策》，《大连轻工业学院学报》2002 年第 2 期。

李海舰：《企业价值来源及其理论研究》，《中国工业经济》2004 年第 3 期。

李豪峰、高鹤：《我国煤矿生产安全监管的博弈分析》，《煤炭经济研究》2004 年第 7 期。

李洪兴：《因素空间理论与知识表示的数学框架——变权综合原理》，《模糊系统与数学》1995 年第 3 期。

李健、邱立成：《面向循环经济的企业绩效评价指标体系研究》，《生态经济》2004 年第 4 期。

李克荣、张宏：《中国煤炭资源开发与经济发展关系研究》，《煤炭经济研究》2005 年第 3 期。

李萍莉：《经营者业绩评价——利益相关者模式》，浙江人民出版社，2001。

李冰：《企业绿色管理绩效评价研究》，哈尔滨工程大学博士论文，2008。

厉以宁、吴易风、李懿：《西方福利经济学述评》，商务印书馆，1984。

厉以宁、章铮：《环境经济学》，中国计划出版社，1995。

栗继祖等：《煤矿安全从业人员心理测评研究》，《中国安全科学学报》2004 年第 3 期。

梁梁、罗彪、王志强：《基于战略的全绩效管理实施模型》，《科研管理》2003 年第 5 期。

梁小民等：《经济学大辞典》，团结出版社，1994。

林爱芳、魏建平：《试析企业战略溶于绩效管理过程的重要性》，《中山大学学报论丛》2005 年第 2 期。

林筠：《绩效管理》，西安交通大学出版社，2006。

林泽炎：《煤矿人为事故发生可能性预测数学模型研究》，

《中国安全科学学报》1997 年第 1 期。

刘长喜：《利益相关方、社会契约与企业社会责任》，复旦大学博士论文，2005。

刘连煜：《公司治理与公司社会责任》，中国政法大学出版社，2001。

刘思华：《可持续发展经济学》，中国环境科学出版社，2002。

刘铁敏等：《我国煤矿安全管理的现状与对策》，《煤矿安全》2000 第 2 期。

刘亚莉：《自然垄断企业利益相关者导向的综合绩效评价研究》，《管理评论》2003 第 12 期。

刘艳清：《区域经济可持续发展系统的协调度研究》，《社会科学辑刊》2000 年第 5 期。

陆庆武：《事故预测、预防技术》，机械工业出版社，1990。

罗伯特·艾布拉姆森、瓦尔特·霍塞特：《企事业单位绩效改善策划法》，高湘泽等译，商务印书馆，1999。

罗云：《安全经济学导论》，经济科学出版社，1993。

马中：《环境与资源经济学概论》，高等教育出版社，1999。

美国矿山安全与健康管理局网，http：//www. msha. Gov。

〔美〕迈克尔·波特著《竞争战略》，陈小悦译，华夏出版社，1997。

孟庆松、韩文秀：《复合系统协调度模型研究》，《天津大学学报》2000 年第 4 期。

牛文元：《可持续发展导论》，科学出版社，1994。

齐二石、刘传铭、王玲：《公共组织绩效管理综合评测模型及其应用》，《天津大学学报（社会科学版）》2004 年第 2 期。

〔美〕萨缪尔森、诺德豪斯：《经济学》（16 版），萧琛等译，华夏出版社，1999。

沈斐敏：《安全系统工程基础与实践》，煤炭工业出版社，1991。

宋大成：《事故信息管理》，中国科学技术出版社，1989。

孙忠强：《论系统工程理论在煤矿安全管理中的应用》，《煤炭经济研究》2003第4期。

台湾“经济部”工业局：《环境绩效评估指标应用指引技术手册》，台湾“经济部”工业局，2002。

王爱华、綦好东：《企业可持续发展指标体系研究》，《生态经济》2000年第1期。

王长建、傅贵：《职业安全绩效指标研究》，《中国安全科学学报》2008年第3期。

王革华：《能源与可持续发展》，化学工业出版社，2004。

王广成：《矿区生态系统健康评价理论及其实证研究》，经济科学出版社，2006。

王国成、黄韬：《现代经济博弈论》，经济科学出版社，1996。

王怀明：《绩效管理》，山东人民出版社，2003。

王金波等：《系统安全工程》，东北工学院出版社，1992。

王绍光：《煤矿安全生产监管：中国治理模式的转变》，《比较》第13辑，2004。

王淑红、龙立荣：《绩效管理综述》，《中外管理导报》2002年第9期。

王万山：《可持续发展理论与资本观的变革》，《中国人口·资源与环境》2003年第3期。

魏明侠：《绿色营销实施的博弈分析》，《决策借鉴》2001第12期。

魏明侠、司胜林：《绿色营销管理》，经济管理出版社，2005。

卫玲、任保平：《治理外部性与可持续发展之间关系的反思》，《当代经济研究》2002年第6期。

温素彬、薛恒新：《基于科学发展观的企业三重绩效评价模型》，《会计研究》2005年第4期。

温素彬：《基于可持续发展的企业绩效评价研究》，经济科学出版社，2006。

温素彬：《企业三重绩效评价模型——空间几何模型》，《数学的实践与认识》2008年第3期。

温素彬：《企业三重绩效的层次变权综合评价模型》，《会计研究》2010年第12期。

吴建南、郭雯菁：《绩效目标实现的因果分析：平衡计分卡在地方政府绩效管理中的应用》，《管理评论》2004年第6期。

英国石油公司：《BP世界能源统计年鉴》（中文版），2011。

肖爱民：《安全系统工程》，冶金部冶金安全教育指导站，1987。

肖贵平：《铁路行车安全保障系统安全性评价理论和方法的研究》，北方交通大学博士论文，1994。

肖条军：《博弈论应用》，上海三联书店，2005。

肖兴志：《中国煤矿安全规制经济分析》，首都经济贸易大学出版社，2009。

肖兴志：《中国煤炭安全规制：理论与实证》，科学出版社，2010。

谢识予：《经济博弈论》，复旦大学出版社，2003。

徐红琳：《绩效管理的理论研究》，《西南民族大学学报（人文社会科学版）》2005年第2期。

徐江、吴育：《安全管理学》，航空工业出版社，1993。

徐光华：《基于共生理论的企业战略绩效评价研究》，南京农业大学博士论文，2007。

许开立：《安全等级特征量及其计算方法》，《中国安全科学学报》1999年第6期。

杨文进：《经济可持续发展论》，中国环境科学出版社，2002。

杨宗昌、许波：《企业经营绩效评价模式研究》，《会计研究》2003年第12期。

姚炳学、李洪兴：《局部变权的公理体系》，《系统工程理论与实践》2000年第1期。

于东智等:《商业银行的社会责任》，中国金融出版社，2011。

袁旭:《人—机—环境系统安全分析与评价》，北京科学技术出版社，1993。

张秉义:《煤矿安全系统工程》，煤炭工业出版社，1991。

张光明、宁宣熙:《扩展型企业的复杂系统特征及管理哲理探讨》,《工业技术经济》2004年第6期。

张金水:《经济控制论》，清华大学出版社，1999。

张齐尧:《煤矿安全管理学》，成都科技出版社，2000。

张守一:《信息经济学》，辽宁人民出版社，1985。

张维迎:《博弈论与信息经济学》，上海三联书店，1996。

张晓东:《中国区域经济与环境协调度预测分析》,《资源科学》2003年第2期。

张中强:《借鉴DADS法加强煤矿安全监管力度》,《煤炭经济研究》2002年第5期。

赵时亮等:《论代际外部性与可持续发展》,《南开学报》2003年第4期。

中国煤炭工业网，http://www.chinacoal.gov.cn/。

中国能源网，http://www.Nengyuan.com。

中华人民共和国国家统计局:《中国能源统计年鉴》，中国统计出版社，2008。

中华人民共和国国家统计局网，http://www.stats.gov.cn。

周长春:《矿井安全评价中的几个问题的初步研究》,《中国安全科学学报》1995年第1期。

周其仁:《市场里的企业:一个人力资本与非人力资本的特别合约》,《经济研究》1996年第6期。

周心权:《煤矿灾害防治科技发展现状及对策分析》,《煤炭科学技术》2002年第1期。

朱治龙等:《中国上市公司绩效评价模型研究》,《证券市场导报》2003年第12期。

图书在版编目(CIP)数据

矿井安全绩效评价与控制 / 司千字著．—北京：社会科学文献出版社，2013．1
ISBN 978 - 7 - 5097 - 3997 - 6

Ⅰ．①矿…　Ⅱ．①司…　Ⅲ．①矿山安全 - 安全管理
Ⅳ．①TD7

中国版本图书馆 CIP 数据核字（2012）第 277312 号

矿井安全绩效评价与控制

著　　者 / 司千字

出 版 人 / 谢寿光
出 版 者 / 社会科学文献出版社
地　　址 / 北京市西城区北三环中路甲 29 号院 3 号楼华龙大厦
邮政编码 / 100029

责任部门 / 皮书出版中心（010）59367127　　责任编辑 / 高　启　陈　颖
电子信箱 / pishubu@ ssap. cn　　责任校对 / 李艳涛
项目统筹 / 邓泳红　　责任印制 / 岳　阳
经　　销 / 社会科学文献出版社市场营销中心（010）59367081　59367089
读者服务 / 读者服务中心（010）59367028

印　　装 / 三河市尚艺印装有限公司
开　　本 / 787mm × 1092mm　1/20　　印　　张 / 12．8
版　　次 / 2013 年 1 月第 1 版　　字　　数 / 215 千字
印　　次 / 2013 年 1 月第 1 次印刷
书　　号 / ISBN 978 - 7 - 5097 - 3997 - 6
定　　价 / 49．00 元